COSMOGRAPHIE

COSMOGRAPHIE

A L'USAGE DES ÉLÈVES

DE

RHÉTORIQUE

ET DE

SECONDE MODERNE

PAR

A. GRIGNON

Licencié ès sciences mathématiques et physiques,
Professeur.

QUATRIÈME EDITION

PARIS

LIBRAIRIE NONY & Cie

63, BOULEVARD SAINT-GERMAIN, 63

1900

LIVRE I

LES ÉTOILES

CHAPITRE I

SPHÈRE CÉLESTE

1. But de la cosmographie. — La *cosmographie* (κόσμος γράφω, décrire le monde) a pour objet l'étude élémentaire des corps célestes; elle apprend à connaître leurs mouvements, leurs distances et leurs dimensions. C'est surtout une science d'observation, qui, par des raisonnements et des calculs simples, arrive à énoncer les principales lois auxquelles obéissent les corps célestes.

Au contraire, l'*astronomie* (ἄστρον νόμος, loi des astres) approfondit ces lois par le calcul en se basant sur les principes de la Mécanique.

2. Sphère céleste. — Si l'on observe le ciel par une belle nuit sans nuages, on aperçoit une multitude de points brillants qu'on appelle *astres*. Au premier aspect, tous ces astres paraissent également éloignés de nous et comme fixés à une même sphère creuse qu'on appelle la *sphère* *céleste.* **Nous dirons donc:** *la sphère céleste est une sphère purement hypothétique, de rayon infiniment grand, ayant pour centre la Terre réduite à un point et sur la surface de laquelle sont fixés les astres.*

Cette hypothèse n'est pas exacte, car on verra plus tard que les astres sont loin d'être à la même distance de la

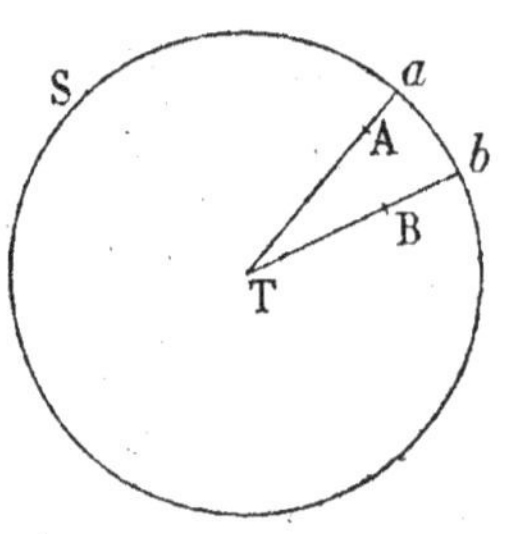

Fig. 1

Terre ; mais elle sera suffisante tant qu'on n'étudiera que les angles sous lesquels on voit les astres. En effet, soient (*fig. 1*) S la sphère céleste, de centre T, A et B deux astres quelconques, *a* et *b* les points où les *rayons visuels* percent cette sphère ; on aura évidemment $\widehat{ATB} = \widehat{aTb}$, c'est-à-dire que pour l'évaluation d'un tel angle, il n'y a aucune erreur à supposer les astres dans leurs positions apparentes sur la sphère céleste.

3. Distance angulaire. — On appelle *distance angulaire de deux astres l'angle formé par les rayons visuels allant à ces deux astres.* — Ainsi la distance angulaire des deux astres A et B est l'angle ATB ou l'angle *aTb*.

Cette distance angulaire ATB est la même à un instant donné *en tous les points de la Terre*, parce que la Terre en raison de son énorme distance des astres, peut être considérée comme réduite à un point.

4. Étoiles. Planètes. — En mesurant les distances angulaires des astres après des intervalles de temps plus ou moins longs, on remarque que, pour la plupart, ces distances angulaires sont invariables, et que pour quelques uns seulement elles varient. Les premiers astres s'appellent *étoiles*. On dira donc :

Les étoiles sont des astres dont les distances angulaires restent invariables.

Parmi les astres dont les distances angulaires varient, on aura à étudier spécialement le *Soleil*, la *Lune*, les *planètes* et leurs *satellites*, et les *comètes*. — Nous verrons cependant (84) que le Soleil doit être classé parmi les étoiles.

5. **Remarque**. — La lumière du Soleil étant beaucoup plus intense que celle des étoiles, efface complètement celle-ci pendant le jour ; les étoiles disparaissent donc le matin pour réapparaître le soir. Mais avec des lunettes, les astronomes peuvent encore observer les étoiles pendant le jour.

CHAPITRE II

CLASSIFICATION DES ÉTOILES

———

6. Étoiles de diverses grandeurs. — Afin de désigne[r]
chacune des étoiles, dont le nombre est immense, le[s]
astronomes ont eu besoin d'en faire une classification.

Or les étoiles n'étant pas également brillantes, on [a]
d'abord songé à les classer d'après leur éclat et on les [a]
réparties en *seize* catégories, d'après les intensités rela[-]
tives de leur lumière ou leurs *grandeurs* apparentes. O[n]
dira donc étoiles de première grandeur, de deuxièm[e]
grandeur, …, jusqu'à la seizième grandeur. Les étoi[les]
des *six premières grandeurs* sont visibles à l'œil nu, le[s]
autres ne sont visibles qu'à l'aide de lunettes. Voici à p[eu]
près le nombre des étoiles des premières grandeurs :

> 20 étoiles de première grandeur ;
> 60   —   deuxième   —   ;
> 180   —   troisième   —   ;
> 425   —   quatrième   —   .

Il y a environ 5 000 étoiles visibles à l'œil nu (étoiles des
six premières grandeurs) ; à Paris, on en voit 4 000 envi[ron]

ron. Quant au nombre d'étoiles visibles avec le télescope, il dépasse 20 millions.

REMARQUE. — Le mot *grandeur*, que l'on a employé ici, n'a aucun rapport avec les dimensions réelles des étoiles. Si des étoiles paraissent moins brillantes que d'autres, c'est probablement qu'elles sont plus éloignées de nous.

7. Constellations. — Pour se faciliter l'étude du ciel, les Anciens imaginèrent encore de réunir les étoiles en groupes ou *constellations* (*cum stella*, étoiles ensemble), auxquelles ils donnaient des noms d'hommes, de divinités, d'animaux ou d'objets. Quoique peu rationnelle et très arbitraire, cette division a été adoptée par les astronomes modernes.

Il ne faudra point évidemment chercher à reconnaître dans les constellations les figures des hommes, animaux ou objets dont elles portent les noms.

Pour désigner les étoiles d'une même constellation, on se sert de l'alphabet grec : l'étoile la plus brillante de la constellation se désigne par α, la deuxième par β, la troisième par γ, etc.. Quand on a épuisé l'alphabet grec, on prend l'alphabet romain, *a*, *b*, *c*, ..., puis on se sert de nombres, 1, 2, 3, ...

Certaines étoiles ont aussi reçu des noms particuliers.

8. Recherche des constellations : méthode des alignements. — Pour déterminer d'une manière rapide la place d'une constellation dans le ciel, on se sert de la méthode des *alignements*. Cette méthode consiste à partir d'une constellation bien connue et facile à trouver, puis à y rattacher les autres au moyen de lignes conventionnelles. On va donner quelques exemples.

9. Constellations visibles à Paris. — La constellation qui nous servira de point de départ est la *Grande Ourse*, appelée aussi *le Chariot* (*fig.* 2). Elle est principalement formée de sept étoiles, dont six de deuxième grandeur et une, δ, de troisième grandeur ; α et β sont les *gardes* ; ε, ζ et η forment le *timon*.

En prolongeant la ligne αβ des gardes d'une longueur égale à cinq fois elle-même, on trouve la *Polaire*, étoile de deuxième grandeur, remarquable par sa position, comme on le verra plus tard. L'étoile polaire est l'α de la *Petite Ourse*, qui a la même forme que la Grande Ourse, mais est disposée en sens inverse dans le ciel.

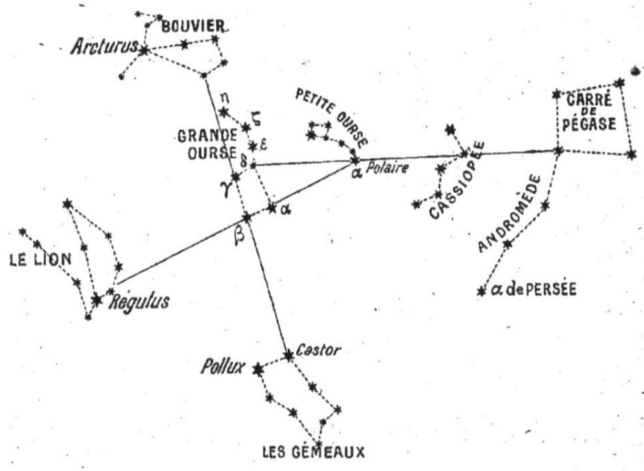

Fig. 2

La droite αβ de la Grande Ourse, prolongée en sens opposé, rencontre le *Lion*, auquel appartient *Régulus*, étoile de première grandeur.

En prolongeant la droite qui joint δ de la Grande Ourse à α de la Petite Ourse, on trouve *Cassiopée*, dont la forme est celle d'un **M**, puis le *carré de Pégase*. — Les trois constellations *Pégase*, *Andromède* et *Persée* forment ensemble une figure semblable à la Grande Ourse, mais beaucoup plus grande.

La ligne $\beta\gamma$, prolongée dans les deux sens, rencontre d'un côté les *Gémeaux*, auxquels appartient l'étoile de première grandeur *Pollux*, et de l'autre côté le *Bouvier*, auquel appartient l'étoile de première grandeur *Arcturus*.

Les autres constellations sont figurées dans la carte reportée à la fin du volume.

10. Constellations zodiacales. ($\zeta\acute{\omega}\delta\iota\alpha$, animaux). — Elles sont au nombre de douze et se nomment

Le Bélier, le Taureau, les Gémeaux, l'Écrevisse, le Lion, la Vierge,
La Balance, le Scorpion, le Sagittaire, le Capricorne, le Verseau,
les Poissons.

Leurs noms se retiennent plus facilement à l'aide des deux vers latins suivants :

Sunt Aries, Taurus, Gemini, Cancer, Leo, Virgo,
Libraque, Scorpius, Arcitenens, Caper, Amphora, Pisces.

On aura l'occasion, à propos de l'étude du Soleil, de reparler de ces constellations.

11. Étoiles de première grandeur. — On va donner, en commençant par les plus brillantes, les noms des vingt étoiles de première grandeur; celles marquées d'un astérisque sont invisibles en Europe.

Sirius	ou α du Grand Chien,	Aldébaran	ou α du Taureau,
Canopus	— α*du Navire Argo,	—	— β*du Centaure,
—	— α*du Centaure,	—	— α*de la Croix du Sud,
Arcturus	— α du Bouvier,	Antarès	— α du Scorpion,
Rigel	— β d'Orion,	Altaïr	— α de l'Aigle,

La Chèvre ou α du Cocher,		L'Épi	ou α de la Vierge,
Véga	— α de la Lyre,	Fomalhaut	— α du Poisson austral,
Procyon	— α du Petit Chien,	—	— β* de la Croix du Sud,
Bételgeuse	— α d'Orion,	Pollux	— β des Gémeaux,
Achernar	— α* de l'Éridan,	Régulus	— α du Lion.

12. Remarque. — Pour un même lieu, on verra que les étoiles peuvent encore se classer en trois catégories :

1° Les étoiles *circumpolaires toujours visibles ;*

2° Les étoiles *circumpolaires toujours invisibles ;*

3° Les étoiles *qui ont un lever et un coucher.*

Autres étoiles remarquables.

13. Étoiles colorées. — Les étoiles sont généralement blanches, mais quelques-unes cependant sont légèrement jaunes ou rouges : Arcturus, la Chèvre, la Polaire sont jaunes, Bételgeuse est rouge.

14. Étoiles variables. — On appelle *étoiles variables* des étoiles dont l'éclat varie sans périodicité. Ainsi *Sirius* autrefois était rougeâtre ; aujourd'hui et depuis des siècles déjà il est blanc.

15. Étoiles périodiques. — On appelle ainsi des étoiles qui *périodiquement* varient de grandeur. La plus remarquable est o de la Baleine, qui pendant 15 jours reste étoile de deuxième grandeur, puis décroît et devient invisible ; elle réapparaît après 330 jours.

16. Étoiles temporaires. — On donne ce nom à des étoiles qui apparaissent subitement dans le ciel et disparaissent ensuite pour toujours. La plus remarquable est celle qui fut observée par Tycho-Brahé en 1572 dans la constellation de Cassiopée. Son éclat surpassa celui de toutes les étoiles et devint aussi intense que l'éclat maximum de la planète Vénus (la plus brillante des planètes) ; après avoir brillé un peu plus d'un an, elle disparut. D'ailleurs c'était bien une étoile, puisqu'elle resta fixe dans le ciel, c'est-à-dire que ses distances angulaires par rapport aux autres étoiles ne varièrent pas.

Tous les phénomènes relatifs aux variations des étoiles n'ont pu encore être suffisamment expliqués.

17. Étoiles doubles, multiples. — On appelle *étoiles multiples* des étoiles qui, paraissant à l'œil nu comme une seule étoile, se dédoublent à l'aide de puissantes lunettes. Il y a plus de 3 000 étoiles *doubles* ; quelques étoiles sont *triples*, *quadruples* et *multiples*.

Une étoile peut paraître double de deux manières :

1º parce que deux étoiles sont voisines ; alors elles obéissent aux lois de l'attraction et tournent l'une autour de l'autre ; 2º parce que deux étoiles sont presque dans le prolongement du même rayon visuel (*fig.* 3).

o ------------------------- * --------- *

Fig. 3

Sirius est une étoile double de la première espèce.

18. Nébuleuses. Amas d'étoiles. — On donne le nom de *nébuleuses* à des taches blanchâtres qu'on aperçoit dans le ciel, semblables à de petits nuages. Quelques-unes de ces nébuleuses ayant été aperçues au moyen de lunettes comme formées de petites étoiles très rapprochées, on en avait déduit que toutes les nébuleuses devaient être regardées comme formées de groupes de petites étoiles. Et de fait le nombre des nébuleuses *résolubles* a augmenté de plus en plus. Mais aujourd'hui, grâce à une méthode empruntée à la Physique, *l'analyse spectrale*, les nébuleuses ont pu être étudiées d'une manière plus précise, et de cette étude il résulte qu'elles doivent être classées en deux catégories.

1° Les *amas d'étoiles* ou nébuleuses résolubles (*fig*. 4, **A**).

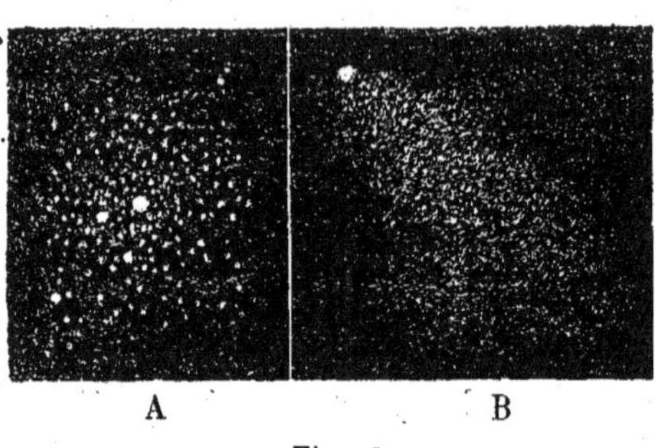

Fig. 4

La plus importante est la voie lactée, cette bande blanchâtre qui traverse la voûte céleste. On distingue encore les *Pléiades* dont on aperçoit sept étoiles à l'œil nu et plus de 400 avec une lunette puissante.

Les amas d'étoiles se trouvent le long de la voie lactée.

2° Les *nébuleuses proprement dites*, formées d'une matière nuageuse très légère (*fig*. 4, B). Elles possèdent le plus souvent un ou plusieurs noyaux plus lumineux que le reste. On pense que ces nébuleuses sont des étoiles en voie de formation.

Elles sont distribuées dans tout le ciel, mais surtout en dehors de la voie lactée.

19. Distance des étoiles à la Terre. — La distance des étoiles à la Terre est immense. Pour s'en faire une idée, on va considérer la vitesse de la lumière qui est de 77 000 lieues à la seconde ; or la lumière, pour venir de l'étoile la plus rapprochée à la Terre, mettrait au moins trois ans ; autrement dit, si cette étoile venait à s'éteindre, on l'apercevrait encore pendant trois ans. Pour d'autres étoiles, la lumière met des siècles à nous parvenir.

20. Cartes photographiques.— Autrefois, on construisait les *globes célestes* et les *cartes célestes* au moyen des coordonnées équatoriales des étoiles (42) ; aujourd'hui, on préfère photographier les différentes parties du ciel et rapprocher ensuite les photographies obtenues pour former une carte céleste. La lumière des étoiles étant très faible, il faut que le temps de pose soit assez long ; or, pendant ce temps les étoiles étant en mouvement, il faut donner à l'appareil photographique un mouvement angulaire égal et de même sens. Bientôt, grâce aux travaux entrepris dans le monde entier, on pourra avoir une carte photographique du ciel donnant les étoiles des 14 premières grandeurs.

Les plaques photographiques étant sensibles à des rayons lumineux trop faibles pour être perçus par notre œil, la photographie du ciel permet de découvrir beaucoup d'étoiles qui nous étaient jusqu'ici inconnues.

CHAPITRE III

MOUVEMENT DIURNE

Définitions préliminaires.

21. Verticale. — Zénith, Nadir. — Vertical. — On appelle *verticale* d'un lieu donné la direction de la pesanteur en ce lieu. Cette direction s'obtient au moyen du fil à plomb.

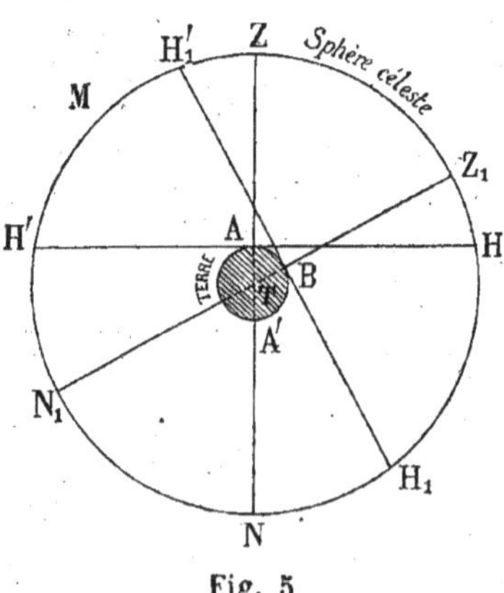

Fig. 5

On peut encore dire *approximativement* que la verticale en un lieu est la direction du rayon de la Terre supposée sphérique. Ainsi aux points A et B (*fig.* 5) de la Terre T, les verticales sont AT et BT.

La verticale d'un lieu perce la sphère céleste en deux points : l'un, au-dessus de l'observateur, s'appelle le *zénith* ; l'autre, au-dessous, s'appelle le *nadir*. — Ainsi, pour l'observateur en A le zénith est en Z et le nadir en N ;

en **B**, le zénith est en Z_1 et le nadir en N_1. En **A′**, le zénith serait en **N** et le nadir en **Z**.

Tout plan passant par la verticale d'un lieu s'appelle *plan vertical*. Un plan vertical coupe évidemment la sphère céleste suivant un grand cercle. On appelle *vertical* d'un astre **M** par rapport à un lieu **A** le *demi-grand cercle* ZMN déterminé sur la sphère par le plan vertical de l'astre.

22. Horizon. — On appelle *horizon* d'un lieu *le plan mené par l'œil de l'observateur perpendiculairement à la verticale du lieu.*

On appelle horizon *rationnel* ou *astronomique* le plan qui est parallèle à l'horizon et qui passe par le centre de la Terre.

Au point **A** (*fig.* 5) l'horizon est un plan H′H perpendiculaire à la verticale AZ; la portion H′ZH de la sphère céleste est visible, tandis que la portion H′NH est invisible. Au point **B** l'horizon est le plan $H_1′H_1$ perpendiculaire à la verticale BZ_1; la partie visible est $H_1′Z_1H_1$ et la partie invisible $H_1′N_1H_1$.

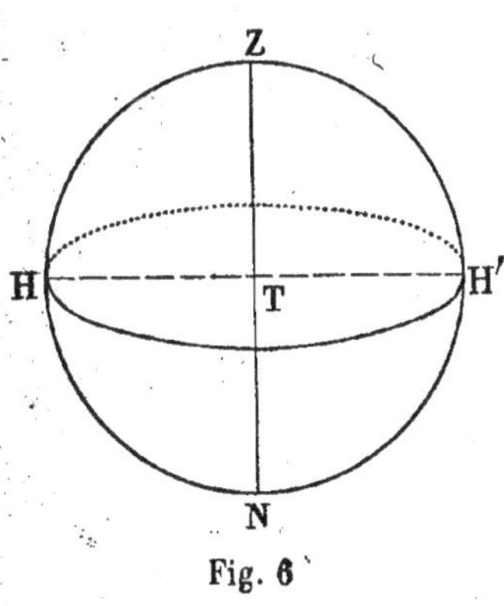

Fig. 6

Remarque. — Dans la figure 5 on a donné une certaine dimension à la Terre ; mais, par rapport à la sphère céleste, la Terre est infiniment petite et doit être considérée comme réduite à un point, **T**. Il en résulte que l'horizon et l'horizon rationnel se confondent dans la pratique. Alors TZ (*fig.* 6) étant la verticale d'un lieu, l'horizon sera limité par un grand cercle HH' de la sphère céleste. L'hémisphère HZH' sera visible et l'autre HNH' sera invisible. En réalité, on voit même en un lieu un peu plus d'un hémisphère (59).

23. Coordonnées horizontales : azimut, hauteur. Distance zénithale. — A un moment donné, la position d'un astre sur la sphère céleste se détermine au moyen de deux quantités : *l'azimut* et la *hauteur*. Soient T la Terre réduite à un point (*fig.* 7), TZ la verticale d'un lieu, H'H l'horizon correspondant et ZFN un vertical fixe ; on considère en outre un astre quelconque A et son vertical ZAaN. — Ceci posé :

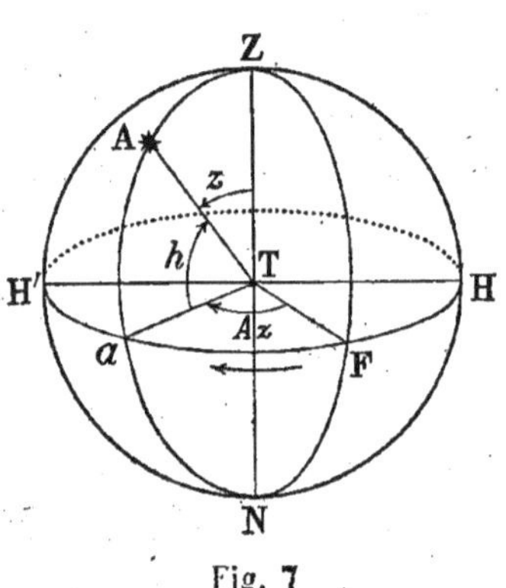

Fig. 7

1° On appelle *azimut* de l'astre A *l'angle dièdre que fait le vertical fixe ZFN avec le vertical ZAN de l'astre.*

Or la droite TZ étant perpendiculaire sur le plan H'H de l'horizon, sera par suite perpendiculaire sur les droites TF et T*a* qui passent par son pied dans le plan H'H. Donc l'angle FT*a* sera l'angle plan du dièdre considéré et par suite l'azimut de l'astre A. — Remarquons encore que l'on a   angle FT*a* = arc F*a*.

L'azimut se compte de 0 à 360° dans le sens de la flèche ;

2° On appelle *hauteur* de l'astre A *l'angle que fait le*

rayon visuel TA *avec l'horizon*, c'est-à-dire l'*angle* aTA (*).

Cet angle se compte de 0 à $\pm$ 90° à partir de l'horizon ; la hauteur du zénith est 90°, celle du nadir est — 90°.

L'azimut et la hauteur d'un astre *déterminent complète-ment la position d'un astre sur la sphère céleste* à l'instant considéré. En effet, si l'on connaît son azimut $\widehat{\text{F}a}$ on saura que cet astre est sur le demi-cercle ZaN ; ensuite la hauteur h indiquera en quel point de ce demi-cercle il se trouve.

A la hauteur d'un astre on substitue souvent sa *distance zénithale*, qui est l'*angle que fait le rayon visuel allant à l'astre avec la verticale* ; elle se compte de 0 à 180°. — Ainsi la distance zénithale de l'astre A (*fig.* 7) est l'angle ATZ. La hauteur h et la distance zénithale z sont évidem-ment *complémentaires*, de sorte que l'on a toujours

$$h + z = 90°.$$

L'une des quantités h ou z étant connue, l'autre se trouve nécessairement déterminée.

24. **Mesure de l'azimut et de la hauteur. Théodolite.** — L'azimut et la hauteur d'un astre se mesurent au moyen du *théodolite*.

Le théodolite se compose essentiellement d'une lunette L'L (*fig.* 9) mobile autour d'un axe horizontal B ; cet

---

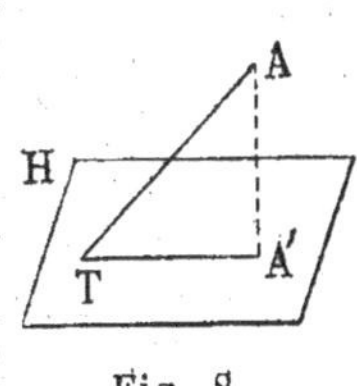

Fig. 8

(*) On appelle projection d'une droite TA sur un plan H (*fig.* 8), l'intersection TA' de ce plan avec le plan mené par la droite TA perpendiculairement sur lui. — On appelle angle d'une droite TA et d'un plan H, l'angle ATA' de cette droite avec sa pro-jection TA' sur le plan.

axe est fixé au centre d'un cercle vertical gradué C perpendiculairement au plan de ce cercle. Le tout est supporté par un axe vertical AB pouvant tourner sur lui-même ; dans son mouvement de rotation l'axe AB entraîne une aiguille horizontale AD située dans le même plan vertical que le cercle C, et le déplacement angulaire de cette aiguille se mesure au moyen d'un cercle gradué C′ horizontal et fixe.

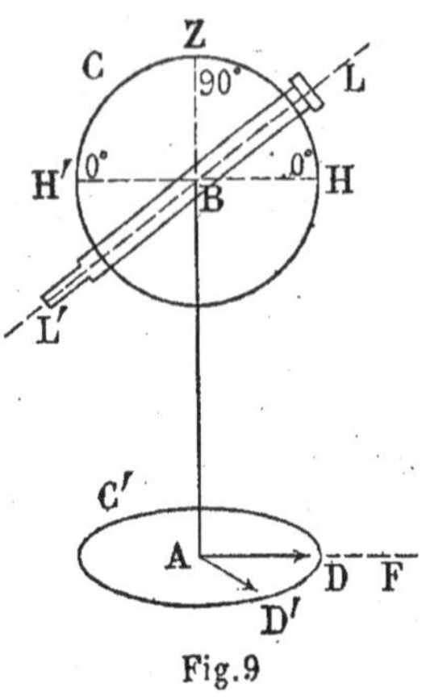

Fig. 9

Pour mesurer l'azimut d'un astre, on dirige la lunette vers le point F de l'horizon pris pour origine des azimuts, et l'on amène le 0 du cercle C′ à coïncider avec l'aiguille ; soit AD cette position de l'aiguille. Ensuite on fait tourner l'axe vertical et par suite la lunette jusqu'à ce qu'on aperçoive l'astre ; l'aiguille viendra alors de AD en AD′. L'azimut de l'astre sera donné par l'arc gradué DD′.

Quant à la hauteur de l'astre, elle sera donnée immédiatement dans cette seconde position de la lunette. Il suffira de lire sur le cercle vertical C l'angle que fait la lunette avec la ligne d'horizon H′H.

Remarque. — Il est évident que l'azimut et la hauteur d'un astre changent à chaque instant.

Mouvement diurne.

25. Première apparence du mouvement diurne. — Si par une belle nuit on observe le ciel *en se tournant vers le*

Sud (position du Soleil à midi), et que l'on prenne sur la Terre des repères fixes, comme des cheminées, des cimes d'arbres, on ne tarde pas à constater que toutes les étoiles se déplacent de notre *gauche* vers notre *droite*, c'est-à-dire de l'*Est* vers l'*Ouest*. De plus, on voit les étoiles disparaître à l'horizon vers l'Ouest ; d'autres, au contraire, apparaissent à l'Est, s'élèvent dans le ciel pour s'abaisser ensuite et disparaître à leur tour. Donc ces étoiles, comme le Soleil et la Lune, *se lèvent* et *se couchent* en décrivant de grandes courbes dans le ciel.

Si l'on se tourne *vers le Nord* (direction opposée au Sud), on observe encore un mouvement des étoiles de l'*Est vers l'Ouest* ; mais, tandis que certaines étoiles ont un *lever* et un *coucher*, d'autres restent *toujours visibles* et décrivent des circuits qui diminuent à mesure que les étoiles correspondantes sont plus rapprochées de l'*étoile polaire* (α de la Petite Ourse). Cette dernière, d'ailleurs, semble rester immobile dans le ciel.

Les peuples de l'Australie, du sud de l'Amérique et de l'Afrique... observent les mêmes phénomènes que nous ; mais leur étoile fixe n'est plus l'étoile polaire ; c'est une autre étoile, qui est diamétralement opposée à l'étoile polaire sur la sphère céleste.

Enfin, on peut encore constater que toutes les étoiles mettent le même temps pour décrire leurs circuits.

Ces premières observations, faites à l'œil nu, avaient fait croire chez les Anciens à l'existence d'une sphère solide, mobile autour de deux pivots diamétralement opposés, et entraînant dans son mouvement les étoiles qui y seraient enchâssées.

26. Loi du mouvement diurne. — On va maintenant établir rigoureusement la loi à laquelle obéissent toutes les étoiles dans leurs mouvements. Cette loi s'énonce :

Toutes les étoiles semblent décrire de l'Est à l'Ouest, dans le même temps, et d'un mouvement uniforme, des cercles parallèles de la sphère céleste.

On va donc prouver que le mouvement des étoiles est : 1° de l'Est à l'Ouest, 2° isochrone (ἴσος χρόνος, temps égal), 3° circulaire, 4° uniforme, 5° parallèle.

1° et 2°. *Sens et isochronisme.* — Il est facile de voir, comme on l'a dit ci-dessus, que le mouvement se fait de l'Est à l'Ouest pour toutes les étoiles.

Pour déterminer l'isochronisme des mouvements des étoiles, on observe pendant plusieurs nuits consécutives les passages d'une même étoile dans un plan de repère, par exemple le pan d'un mur ; on constate alors que les intervalles de temps qui séparent les passages successifs sont rigoureusement égaux et égaux à $23^h 56^m$ de nos horloges. On verrait qu'il en est de même pour toutes les étoiles.

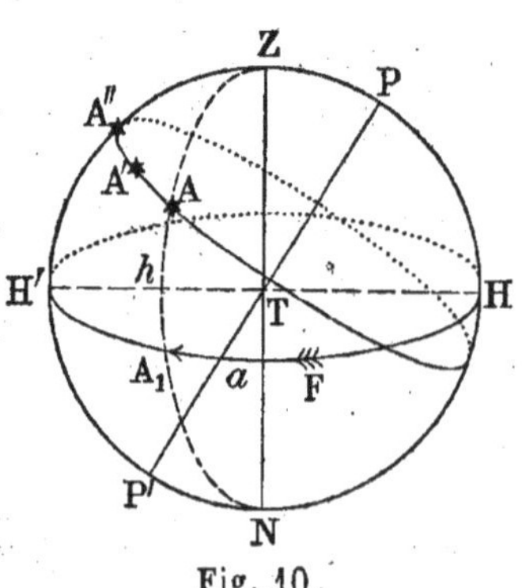

Fig. 10

3°, 4° et 5°. *Mouvement circulaire, uniforme et parallèle.* — Après des intervalles de temps égaux, par exemple toutes les heures, on détermine les azimuts et les hauteurs d'une même étoile : (a, h), (a', h'), ... ; puis, sur un globe en bois ou en carton, on figure un grand cercle gradué H'H (*fig.* 10) et ses pôles Z et N ; on prend sur ce cercle la division 0°

comme originè fixe F des azimuts et l'on porte à partir de ce point les azimuts a, a', a'', ... Soit $FA_1 = a$ l'un d'eux et ZA_1N le vertical correspondant; sur ce vertical on prend un arc A_1A égal à h et l'on obtient le point A qui indique la position de l'étoile sur la sphère céleste au moment considéré. En répétant les mêmes constructions pour les autres instants considérés, on obtiendra une série de points, A, A', A'', ..., qui représenteront évidemment les positions correspondantes de l'étoile sur la sphère céleste.

Or, on constate que : 1° tous ces points A, A', A'', ... joints par un trait continu, sont situés sur un même cercle ; 2° les arcs AA', A'A'', ... décrits en des temps égaux sont rigoureusement égaux. Enfin, en répétant les mêmes observations et les mêmes constructions pour d'autres étoiles, on obtient toujours les mêmes résultats; mais, de plus, on constate que tous les cercles obtenus sont parallèles (*fig.* 11).

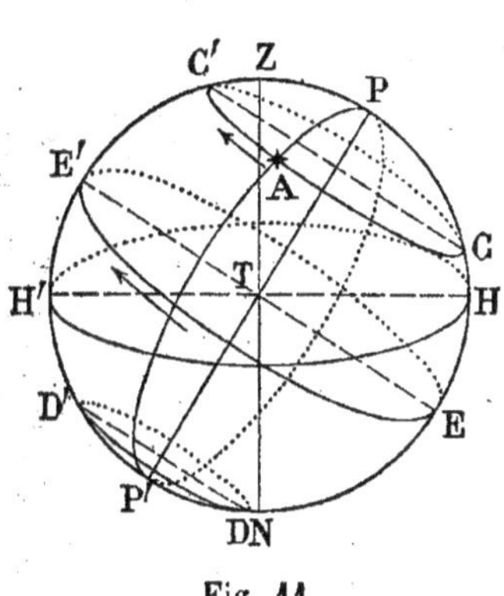

Fig. 11

27. Axe du monde, pôles. — Tous ces cercles dont on vient de parler auront donc les mêmes pôles P et P', qu'on appelle les *deux pôles* de la sphère céleste. Le pôle P, situé au-dessus de l'horizon de Paris, c'est-à-dire près de l'étoile polaire, s'appelle *pôle nord*, *pôle boréal* ou *pôle arctique* (αρκτος, ourse). L'autre pôle, P', s'appelle *pôle sud*, *pôle austral* ou *pôle antarctique*.

Le diamètre PP' qui joint les deux pôles et passe par le centre de la Terre s'appelle *axe du monde*.

28. Jour sidéral. — L'intervalle du temps constant

que met une étoile quelconque à décrire son cercle s'appelle *jour sidéral* ; il vaut environ 23ʰ 56ᵐ de nos horloges.

Le jour sidéral se divise en 24 heures, l'heure en 60 minutes et la minute en 60 secondes. Les astronomes se servent de *pendules sidérales* ; mais ces pendules ne pourraient servir dans la vie pratique.

29. Sens direct et sens rétrograde. — Un mouvement qui, comme le mouvement apparent des étoiles, se fait autour de l'axe du monde de l'*Est* à l'*Ouest* s'appelle *rétrograde*. Un mouvement inverse est dit *direct*. On peut encore dire que pour un observateur couché le long de l'axe du monde (*fig.* 11), la tête vers le pôle nord, le mouvement rétrograde se fait *de gauche à droite* et le mouvement direct *de droite à gauche*.

30. Équateur céleste, parallèle. — On nomme *équateur céleste* le grand cercle E'E (*fig.* 11) dont le plan est perpendiculaire à l'axe du monde.

Un *parallèle* est un petit cercle C'C dont le plan est perpendiculaire à l'axe du monde. Une étoile quelconque décrit un parallèle.

31. Étoiles circumpolaires. — On appelle *étoiles circumpolaires* les étoiles qui se trouvent suffisamment près des pôles pour être toujours *visibles* ou *invisibles*.

Les étoiles circumpolaires visibles pour Paris sont situées du côté du pôle nord et décrivent des parallèles tels que CC' (*fig.* 11) situés au-dessus de l'horizon de Paris. Les étoiles circumpolaires invisibles pour Paris sont situées du côté du pôle sud et décrivent des parallèles tels que D'D situés au-dessous de l'horizon de Paris.

32. Cercle horaire. — On appelle ainsi *tout grand cercle qui passe par les deux pôles de la sphère céleste.*

Chaque étoile A (*fig. 11* ou *12*) a son cercle horaire PAP′ ; mais par cercle horaire d'une étoile A, on entend plus généralement le *demi-cercle horaire* PAP′.

Souvent aussi on dit cercle horaire au lieu de dire plan du cercle horaire.

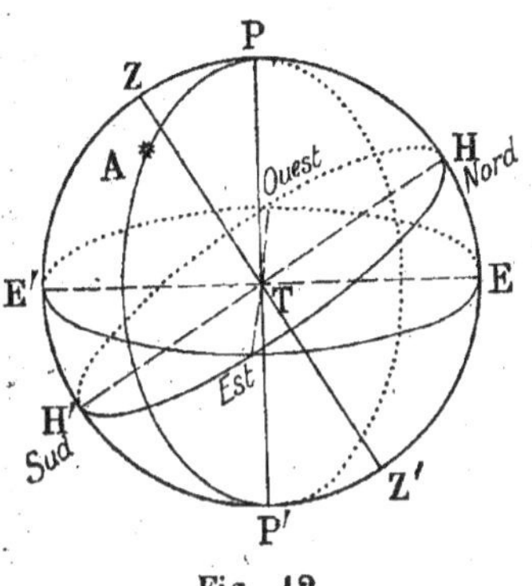

Fig. 12

33. Plan du méridien d'un lieu. — Le plan du méridien d'un lieu est *le plan qui contient l'axe du monde et la verticale du lieu.*

Soit TZ la verticale du lieu ; le plan du méridien de ce lieu est le plan PTZ. Si TA était la verticale du lieu, le plan du méridien correspondant serait le plan PTA.

D'après la définition précédente, on voit que le plan du méridien d'un lieu est *le seul plan, passant par ce lieu, qui soit à la fois vertical et cercle horaire.*

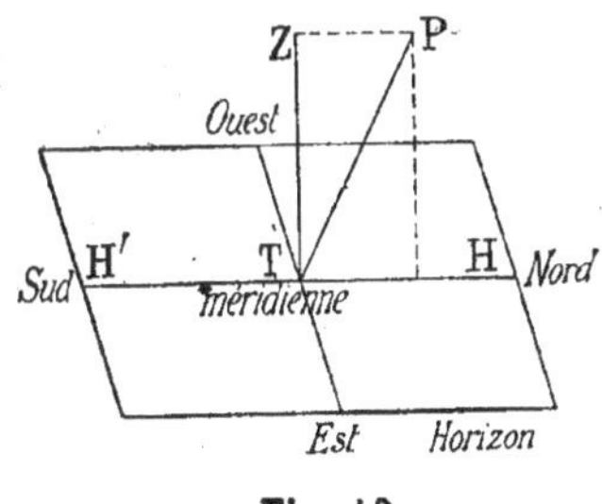

Fig. 13

34. Méridienne et points cardinaux d'un lieu. — On appelle *méridienne* d'un lieu l'intersection de l'horizon avec le plan du méridien du lieu.

Pour le lieu de verticale TZ, la méridienne est la droite H′H (*fig. 12* et *13*).

Le *Nord* pour un lieu de verticale TZ est l'extrémité H

de la méridienne la plus rapprochée du pôle nord P. — Le *Sud* ou *Midi* est l'autre extrémité H′ de la méridienne ; c'est aussi la plus rapprochée du pôle sud P′. — En menant par le point T dans l'horizon la perpendiculaire à la méridienne, on a la direction *Est-Ouest*, l'*Est* étant situé à la gauche de l'observateur tourné vers le Sud et l'*Ouest* à sa droite. On peut encore dire que la ligne Est-Ouest est l'intersection de l'horizon avec le plan de l'équateur.

35. Culminations. — D'après la double propriété du plan du méridien d'être à la fois cercle horaire et vertical du lieu considéré, il s'ensuit qu'il divisera *en deux parties symétriques les parallèles des étoiles*. Il contiendra donc les points le plus haut et le plus bas de chaque parallèle. Ces points s'appellent *culminations* : le point le plus haut s'appelle *culmination supérieure* ; l'autre, *culmination inférieure*. Ainsi, pour le lieu de verticale TZ et l'étoile A (*fig*. 11), le point C est une culmination inférieure et le point C′ une culmination supérieure.

Les culminations peuvent évidemment être visibles ou invisibles.

36. Détermination du plan du méridien d'un lieu. — La détermination du plan du méridien d'un lieu est l'un des problèmes les plus fréquents en cosmographie ; il importe donc de pouvoir le résoudre. Voici la méthode le plus en usage, méthode basée sur la propriété déjà énoncée (35) que possède le plan du méridien d'un lieu.

Au moyen du théodolite, on vise une étoile quelconque avant sa culmination supérieure ; soit AD (*fig*. 14) la position de l'aiguille sur le cercle horizontal. Sans changer l'inclinaison de la lunette, c'est-à-dire en laissant l'angle ZBL fixe, on fait tourner l'axe vertical sur lui-même, jusqu'à ce que l'étoile, descendant dans le ciel, soit aperçue dans la lunette. A ce moment, l'étoile aura atteint la même hauteur que dans la première visée ; soit AD′ la nouvelle position de l'aiguille. En prenant la bissectrice AM de l'angle DAD′, le plan du méridien du lieu considéré sera le plan ZAM.

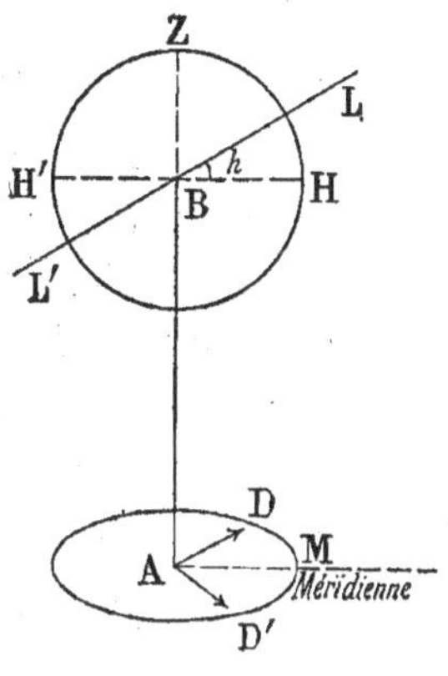

Fig. 14

Si on répétait des mesures analogues, soit sur la même étoile prise à des hauteurs différentes, soit sur d'autres étoiles, on trouverait d'autres angles $D_1AD'_1$, $D_2AD'_2$, … ; mais tous ces angles auraient évidemment pour bissectrice la droite AM.

Cette méthode a reçu le nom de *méthode des hauteurs correspondantes.*

37. Détermination de l'axe du monde. — Le plan du méridien d'un lieu étant déterminé, il sera facile d'avoir dans ce plan la direction de l'axe du monde.

On établit le cercle vertical du théodolite dans le plan du méridien, et au moyen de la lunette on vise une étoile circumpolaire à ses deux culminations A et A′ (*fig.* 15). La bissectrice TP_1 de l'angle

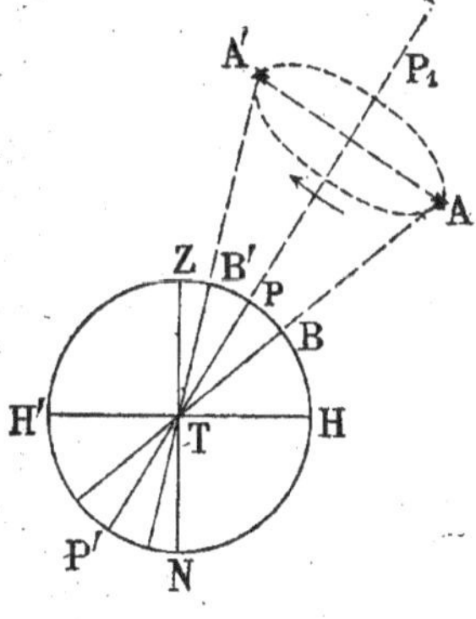

Fig. 15

BTB′ donne la direction de l'axe du monde. — En prenant une autre étoile circumpolaire quelconque, on obtiendrait évidemment la même bissectrice.

Il sera facile, au moyen des observations précédentes, de calculer la *hauteur du pôle nord au-dessus de l'horizon*. Pour cela, on lira sur le cercle gradué vertical les hauteurs HB et HB′ qui vont donner la quantité demandée. En effet, on a

$$\text{arc HP} = \text{arc HB} + \text{arc PB}, \qquad (\text{PB} = \text{PB}')$$

$$\text{arc HP} = \text{arc HB}' - \text{arc PB}';$$

d'où
$$2 \text{ arcs HP} = \text{arc HB} + \text{arc HB}',$$

$$\text{arc HP} = \frac{\text{arc HB} + \text{arc HB}'}{2}.$$

Donc *la hauteur du pôle nord au-dessus de l'horizon est égale à la moyenne arithmétique des hauteurs d'une étoile circumpolaire lors de ses passages au plan du méridien.*

La lunette méridienne (40) donnerait de la même manière que le théodolite, mais avec plus de précision, la hauteur du pôle nord au-dessus de l'horizon ou la direction de l'axe du monde.

CHAPITRE IV

COORDONNÉES ÉQUATORIALES : ASCENSION DROITE ET DÉCLINAISON

---

38. Inconvénients de l'azimut et de la hauteur. — Les azimuts et les hauteurs, qui ont servi à déterminer la loi du mouvement diurne, ont l'inconvénient de varier avec le temps ; aussi ne seront-ils d'aucune utilité dans la plupart des questions de la suite de ce cours. Alors, pour indiquer la position d'une étoile par rapport aux autres, on se servira de quantités qui ne dépendent pas du temps, et pour cela il faudra nécessairement comparer cette étoile à des repères qui participent eux-mêmes au mouvement diurne. Voici comment on y arrive.

39. Définitions. — 1° *On appelle ascension droite d'un astre l'angle dièdre formé par le cercle horaire de l'astre avec un cercle horaire pris comme origine.*

Soient A une étoile (*fig.* 16), PAaP′ son cercle horaire, PγP′ le cercle horaire origine ; l'ascension droite de l'étoile est l'angle dièdre formé par ces deux cercles horaires. Cet angle dièdre est mesuré par son angle plan γTa ou l'arc γa de l'équateur, et il se compte de 0 à 360° dans le *sens direct*, c'est-à-dire dans le sens de la flèche F.

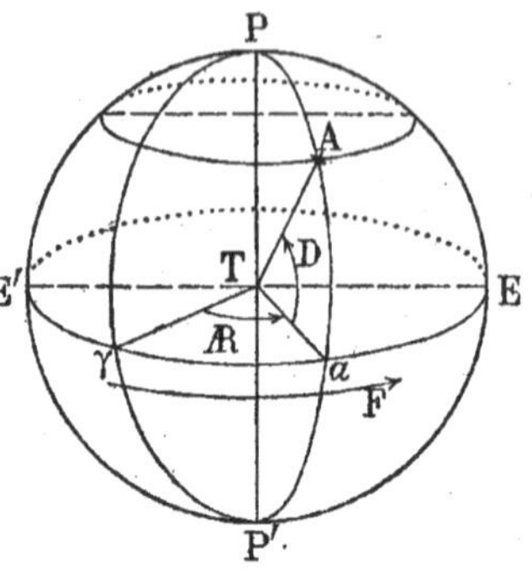

Fig. 16

L'ascension droite (*ascensio recta*) se représente par le symbole Æ.

2° *On appelle déclinaison d'un astre l'angle formé par le rayon visuel allant à l'astre avec le plan de l'équateur.*

Pour l'étoile A, la déclinaison est l'angle *a*TA ou l'arc *a*A ; elle est *boréale* si elle se trouve dans l'hémisphère boréal, et alors elle se compte de 0° à +90°; si elle est *australe*, elle est *négative* et se compte de 0° à —90°.

L'ascension droite et la déclinaison sont appelées *coordonnées équatoriales*.

REMARQUE I. — Tous les astres situés sur le demi-cercle P*a*P' ont même ascension droite et tous les astres situés sur le parallèle de l'astre A ont même déclinaison.

REMARQUE II. — On voit facilement que les coordonnées équatoriales d'un astre (Æ et D) déterminent complètement la position de cet astre sur la sphère céleste. De plus, comme le cercle horaire PγP' participe au mouvement diurne, ces coordonnées sont invariables *pour les étoiles*.

40. **Mesure de l'ascension droite.** — RÈGLE. — *L'ascension droite d'une étoile est égale, en degrés, minutes et secondes d'arc, au produit par 15 du nombre d'heures, minutes et secondes sidérales qui s'écoulent entre les pas-*

sages successifs au méridien du lieu : 1° de l'origine ; 2° de l'étoile.

En effet, en un jour sidéral ou 24^h. sid. la sphère céleste fait une révolution complète et, par suite, le cercle horaire d'une étoile quelconque décrit un angle de 360° ;

en 1^h il décrit un angle de $\dfrac{360}{24} = 15$ degrés d'arc ;

— 1^m — $\dfrac{15}{60}$ degrés ou $\left(\dfrac{15}{60} \times 60\right)$ minutes = 15 minutes d'arc ;

— 1^s — $\dfrac{15}{60}$ minutes en $\left(\dfrac{15}{60} \times 60\right)$ secondes = 15 secondes d'arc.

Si donc le cercle horaire de l'étoile considérée passe au méridien du lieu 14^h 25^m 49^s *après* le cercle horaire origine, l'ascension droite de l'étoile vaudra

$$\text{Æ} = 15 \times 14° + 15 \times 25' + 15 \times 49''$$
$$\text{Æ} = 210° \qquad + 375' \qquad + 735''$$
$$\text{Æ} = 216° \qquad + 27' \qquad + 15''$$

On voit donc que pour mesurer l'ascension droite d'une étoile, on aura besoin de deux instruments : 1° une *horloge sidérale*, pour marquer les heures de passage au méridien ; cette horloge est réglée de manière à marquer 0^h 0^m 0^s à l'instant du passage du cercle horaire PγP' au méridien ; alors l'heure marquée par l'horloge au passage d'une étoile donnera précisément le temps écoulé entre les deux passages ; 2° une lunette, pour observer le passage de l'étoile dans le plan méridien du lieu. Cette lunette devra évidemment se déplacer autour d'un axe horizontal *dans le plan du méridien*, d'où le nom de *lunette méridienne* qu'on lui donne.

Lunette méridienne. — Elle se compose d'une lunette astronomique L'L (*fig*. 17) fixée à angle droit à un axe horizontal HH' reposant sur deux coussinets. Ceux-ci reposent eux-mêmes sur deux piliers solidement établis.

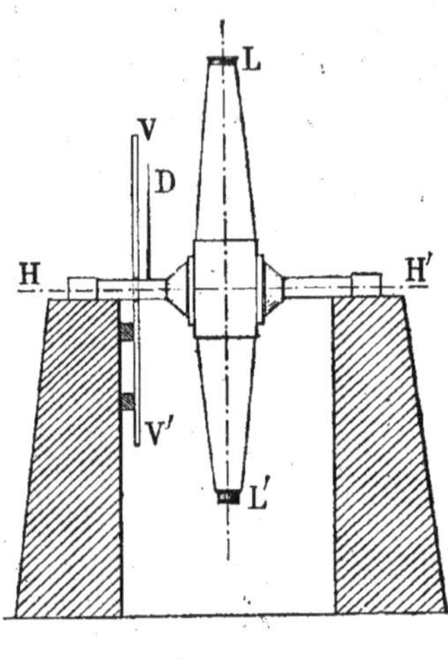

Fig. 17

L'axe HH' doit être sensiblement perpendiculaire au plan du méridien, et pour l'amener à l'être rigoureusement, l'un des coussinets peut, au moyen de deux vis de rappel, recevoir deux mouvements, l'un horizontal, l'autre vertical.

41. Mesure de la déclinaison. — La mesure de la déclinaison se fait encore au moyen de la lunette méridienne, à laquelle on adapte un cercle vertical gradué V'V (*fig*. 17). Ce cercle est fixé à l'un des piliers et est traversé en son centre par l'axe horizontal HH'. Une aiguille D, fixée à l'axe HH' parallèlement à la lunette, se déplace sur le cercle gradué. Avec cet instrument, on détermine comme avec le théodolite la direction TP de l'axe du monde (37) ou la hauteur *h* du pôle au-dessus de l'horizon (*fig*. 18). Cela fait, on peut, pour calculer la déclinaison d'une étoile, employer l'une des deux méthodes suivantes.

Première méthode. — Soient E'E (*fig.* 18) l'équateur, perpendiculaire sur l'axe du monde TP, et **A** une étoile à son passage dans le méridien. On visera cette étoile, et l'angle ETB que fera alors l'aiguille avec l'équateur donnera immédiatement la déclinaison de l'étoile.

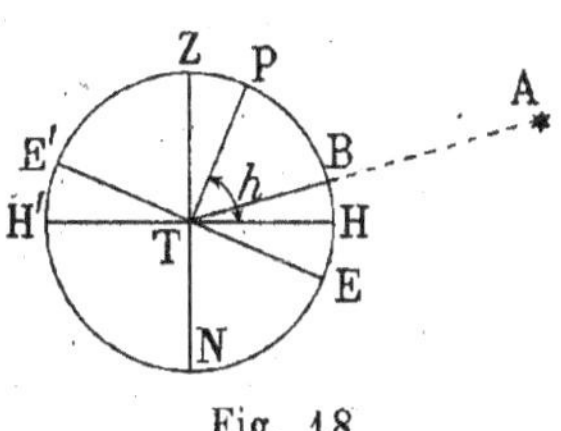

Fig. 18

A cette méthode très simple on préfère pour la précision employer la méthode suivante.

Deuxième méthode. — THÉORÈME. — *La valeur algébrique de la déclinaison est égale à la hauteur du pôle au-dessus de l'horizon, plus ou moins la distance zénithale,* — *plus* si la culmination (*) a lieu vers le Nord, *moins* si elle a lieu vers le Sud.

On va prendre comme plan de la figure le plan du méridien et y marquer les éléments de la sphère céleste (*fig.* 19).

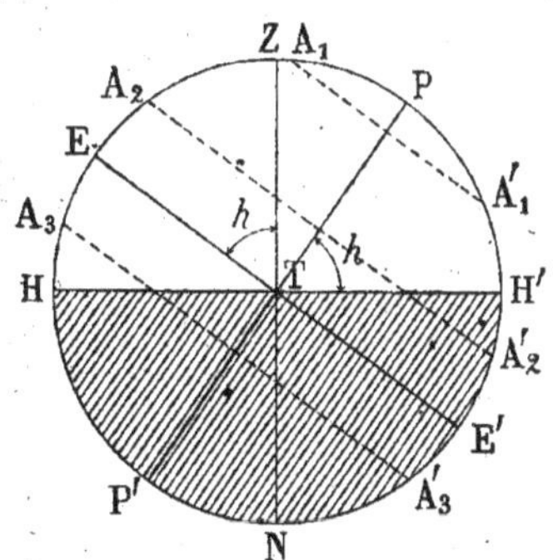

Fig. 19

D'abord on remarque l'égalité suivante entre angles ayant leurs côtés perpendiculaires :

$$h = \mathrm{H'TP} = \mathrm{ETZ}.$$

(*) Nous voulons parler ici de la culmination *supérieure*. Si l'on considérait la culmination inférieure, l'énoncé du théorème ne serait plus le même.

Ceci posé, les étoiles visibles à leurs culminations supérieures seront nécessairement situées sur l'arc HP et pourront, sur cet arc, occuper trois positions remarquables, A_1, A_2 et A_3.

1° *Position* A_1. — L'étoile est au Nord et l'on a entre les arcs la relation

$$EA_1 = EZ + ZA_1$$

ou $$D = h + z.$$

2° *Position* A_2. — L'étoile est cette fois au Sud, et l'on a

$$EA_2 = EZ - ZA_2$$

ou $$D = h - z.$$

3° *Position* A_3. — L'étoile est encore au Sud, et l'on a, en valeur absolue,

$$EA_3 = ZA_3 - EZ.$$

Or, dans cette position, la déclinaison D est négative, et l'on a $EA_3 = -D$. Donc, en remplaçant EA_3 par $-D$, il vient

$$-D = ZA_3 - EZ$$

ou $$D = EZ - ZA_3$$

ou encore $$D = h - z.$$

Le théorème se trouve démontré.

42. Applications des coordonnées équatoriales. — Les coordonnées équatoriales servent à construire les *globes célestes*. Ces globes, généralement en carton, représentent en réduction la sphère céleste.

LIVRE II

LA TERRE

CHAPITRE I

FORME SPHÉRIQUE DE LA TERRE

---

43. Rondeur de la Terre. — Au premier aspect, la Terre paraît plane (abstraction faite des petites irrégularités dues aux montagnes et aux vallées), mais il est facile de prouver qu'elle est en réalité convexe :

1° Si du rivage on observe avec une lunette un vaisseau qui s'éloigne en mer (*fig.* 20), on aperçoit d'abord le vais-

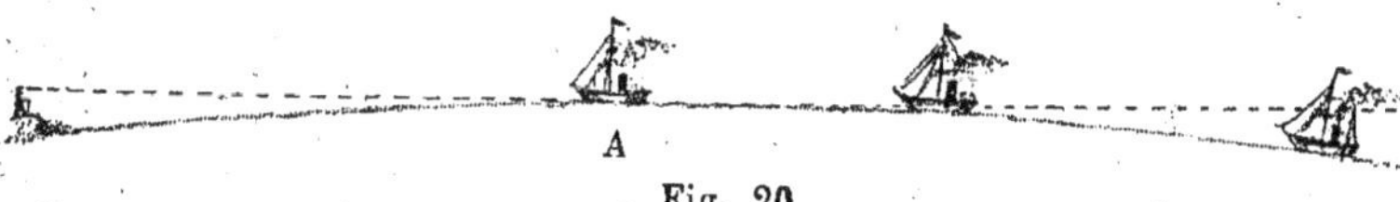

Fig. 20

seau tout entier, puis graduellement on voit disparaître la coque et ensuite les mâts et les voiles, comme si le navire s'enfonçait dans les eaux. Ceci ne peut s'expliquer que si la surface de la mer est ronde ; en effet, tant que le vaisseau n'a pas dépassé le point de contact A du rayon visuel OA tangent à la mer, il apparaîtra tout entier ; mais aussitôt qu'il aura dépassé ce point, on devra le voir disparaître graduellement en commençant par les parties les plus basses ;

2° Si la surface de la Terre était plane, de deux points quelconques on verrait au même instant la même partie du ciel. Or il n'en est rien ; la Terre est donc convexe ;

3° Des navigateurs partis d'un point et se dirigeant toujours dans la même direction sont revenus au point de départ (Expédition de Magellan, 1520) ;

4° Dans les éclipses de Lune, l'ombre portée par la Terre sur la Lune est circulaire ; donc elle ne peut provenir que d'un corps arrondi ;

5° Tous les corps célestes qui sont suffisamment près de nous pour que leur forme puisse être observée, sont ronds. Tels sont le Soleil, la Lune, les planètes ; on ne voit pas pourquoi la Terre ferait exception.

44. Isolement de la Terre. — Deux preuves vont nous conduire à regarder la Terre comme isolée dans l'espace.

1° La Terre ayant été explorée presque dans toutes ses parties, on n'a jamais aperçu de supports qui la soutiennent. D'ailleurs si ces supports existaient, ils devraient eux-mêmes être soutenus par d'autres supports, et ainsi de suite ; hypothèse évidemment absurde.

On sait que les Anciens croyaient à l'existence d'un support soutenant la Terre. D'après la fable, c'était Atlas qui avait reçu la mission de la porter sur ses épaules.

2° Les astres qui se couchent à l'Occident et se lèvent à l'Orient, accomplissent leurs mouvements depuis les temps les plus reculés. Or, si la Terre reposait sur des appuis, ceux-ci auraient été des obstacles à ces mouvements.

45. Forme sphérique de la Terre. — On vient de

donner les preuves qui démontrent que la Terre est isolée et a la forme convexe ; il reste à préciser cette forme et à montrer qu'elle est *sensiblement sphérique*.

1° L'ombre circulaire portée par la Terre sur la Lune indique déjà que la Terre doit être une sphère.

2° Si un observateur s'élève à une certaine hauteur AO au-dessus de la mer (*fig.* 21), et qu'il mesure l'angle TOB que fait la verticale OT avec un rayon visuel quelconque OB tangent à la surface des eaux, il trouvera que cet angle est le même pour tous les rayons visuels. Il en est de même quel que soit le point O pris sur la verticale TA et aussi quelle que soit la verticale considérée. On en conclut que les rayons visuels issus d'un point O quelconque et tangents à la Terre forment un cône de révolution, et que par suite la Terre est sphérique, ou du moins sensiblement sphérique.

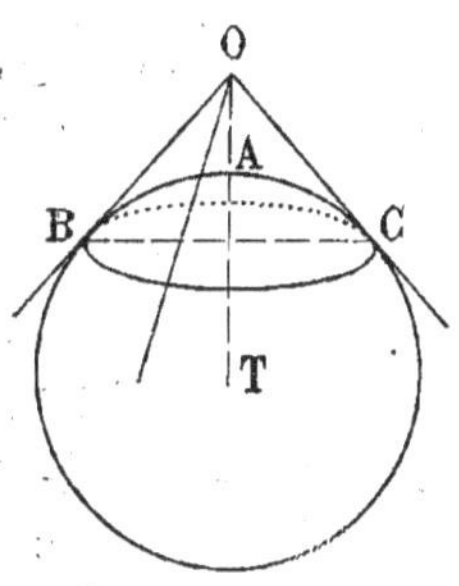

Fig. 21

On voit que pour un observateur placé au point O, la portion visible de la Terre est limitée par le petit cercle BC. Ce cercle est appelé *l'horizon sensible du point* O.

46. Axe et pôles terrestres. — On appelle *axe terrestre* le diamètre *pp'* de la Terre qui coïncide avec l'axe du monde (*fig.* 22). Les *pôles terrestres* sont les points *p* et *p'*, extrémités de l'axe terrestre ; l'un est le *pôle nord* ou *boréal* et l'autre le *pôle sud* ou *austral*.

47. Équateur et parallèles terrestres. — On appelle *équateur terrestre* le grand cercle de la Terre dont le plan est perpendiculaire à l'axe terrestre ; soit *e'e* ce cercle (*fig*. 22) ; son plan se confond avec celui de l'équateur céleste E'E. L'équateur sépare la Terre en deux hémisphères, l'un *boréal* et l'autre *austral*.

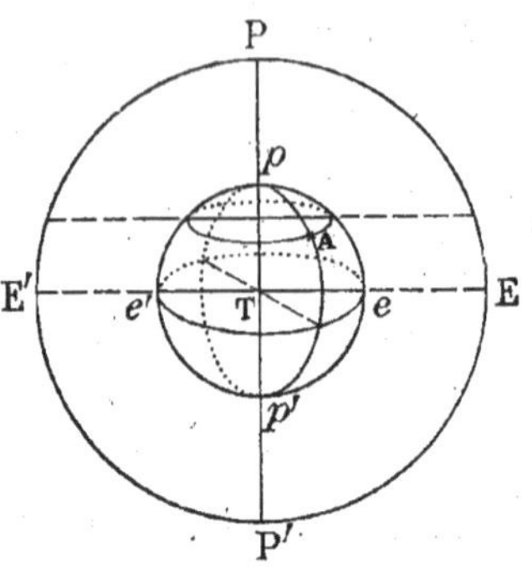

Fig. 22

On appelle *parallèles ter-restres* les cercles de la Terre dont les plans sont perpendiculaires à l'axe terrestre.

48. Méridiens terrestres. — Le plan méridien d'un lieu quelconque A (*fig*. 22), c'est-à-dire le plan passant par la ligne des pôles pp' et la verticale TA du lieu, détermine sur la sphère céleste un cercle horaire (32 et 33) et sur la Terre un grand cercle pAp' qu'on appelle *méridien terrestre.*

49. Méridien d'un lieu. Premier méridien. — On appelle plus spécialement *méridien d'un lieu* A de la Terre le *demi-méridien* pAp' (*fig*. 22) qui passe par ce lieu.

Le *premier méridien* est celui auquel on est convenu de comparer tous les autres. Autrefois on prenait comme premier méridien commun celui qui passait par l'Ile de Fer, la plus occidentale des Canaries. Aujourd'hui, chaque nation a son premier méridien : en France, c'est celui de Paris ; en Allemagne, celui de Berlin ; en Angleterre, celui de Greenwich, etc.

CHAPITRE II

COORDONNÉES GÉOGRAPHIQUES : LONGITUDE ET LATITUDE

Pour déterminer la position d'un point sur la Terre, on se sert de coordonnées absolument analogues aux coordonnées équatoriales (Æ et D).

50. Définitions. — 1° *On appelle longitude d'un lieu l'angle dièdre formé par le méridien du lieu avec le premier méridien.*

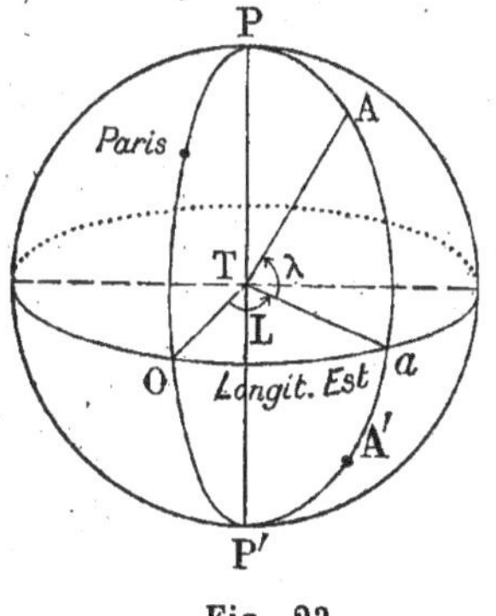

Fig. 23

Soient A un point de la Terre (*fig.* 23), PAP′ son méridien, POP′ le premier méridien, celui de Paris, par exemple ; la longitude du lieu A est l'angle dièdre formé par les deux méridiens POP′ et PAP′ ; cet angle est mesuré par son angle plan OTa ou l'arc Oa de l'équateur. Au lieu de compter la longitude de 0 à 360° comme l'ascension droite, on la compte de 0 à 180°

dans les deux sens à partir du méridien origine ; elle est dite *orientale* ou *Est* si le lieu est à l'Est du méridien origine (cas du lieu A), elle est *occidentale* ou *Ouest* si le lieu est à l'Ouest du premier méridien. — Besançon et Berlin ont une longitude Est par rapport au méridien de Paris ; Brest et Londres ont une longitude Ouest.

2° *On appelle latitude d'un lieu l'angle formé par la verticale du lieu avec l'équateur.*

Pour le lieu A la latitude est mesurée par l'angle aTA ou l'arc aA du méridien. Elle se compte de 0 à 90° et elle est *boréale* ou *australe* suivant que le lieu correspondant est dans l'hémisphère boréal ou dans l'hémisphère austral. Ainsi prenons sur le méridien PAP' un arc aA' égal à l'arc aA ; les deux lieux A et A' ont bien même latitude, mais l'une est boréale et l'autre australe.

REMARQUE. — Tous les lieux pris sur le méridien PaP' ont même longitude, et tous les lieux situés sur le parallèle du point A ont même latitude boréale.

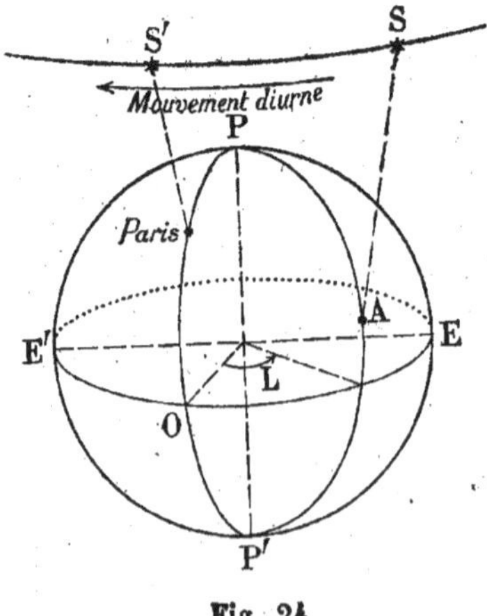

Fig. 24

51. Mesure de la longitude. — RÈGLE. — *La longitude d'un lieu est égale, en degrés, minutes et secondes d'arc, au produit par 15 du nombre d'heures, minutes et secondes sidérales qui s'écoulent entre les deux passages d'une même étoile au méridien de ce lieu et au premier méridien.*

En effet, soit à déterminer la longitude Est du lieu A (*fig.* 24). On a vu (40)

que dans le mouvement diurne le cercle horaire d'une étoile parcourait 15° en 1$^{\text{h. sid.}}$, 15' en 1$^{\text{m. sid.}}$, 15'' en 1$^{\text{s. sid.}}$;
si donc le cercle horaire d'une étoile S met 5^{h} 48^{m} 41^{s} à passer du méridien PAP' au méridien origine POP', c'est qu'il aura décrit un angle dièdre égal à

$$(5° 48' 41'') \times 15,$$

et cet angle est précisément la longitude du point A. On trouve

$$L = 75° 720' 615''$$

ou
$$L = 87° \ 10' \ 15''.$$

Tout revient donc à déterminer les heures des passages d'une *même* étoile aux deux méridiens. Pour cela, on peut employer deux méthodes.

1° *Méthode du transport de chronomètre.* — Un chronomètre sidéral (montre de précision) sera réglé sur l'horloge sidérale de l'observatoire de Paris et transporté au lieu **A** dont on veut déterminer la longitude. Puis on notera avec le chronomètre l'heure du passage de l'étoile S dans le méridien du lieu **A**, et l'on fera de même à Paris quand l'étoile passe en S' (*fig.* 24). La différence des deux heures observées donnera l'intervalle de temps cherché.

On emporte plusieurs chronomètres de crainte que l'un d'eux ne vienne à se déranger.

2° *Méthode des signaux.* — Supposons que le lieu A soit relié à Paris par une ligne télégraphique; au moment où l'étoile passera en S dans le méridien du lieu A (*fig.* 24), on en avertira l'observatoire de Paris au moyen du courant électrique. Ce courant parcourant 30 000 kilomètres à la seconde, mettra un temps très court à franchir les plus grandes distances. Aussi cette méthode doit-elle être employée chaque fois qu'une ligne télégraphique reliera le lieu A à Paris.

On peut encore se servir comme signaux de phénomènes astronomiques visibles *en même temps* de tous les points d'un même hémisphère de la Terre, telles sont les éclipses de la Lune et des satellites de Jupiter. En effet, 1 an, 2 ans, 100 ans à l'avance on peut calculer et consigner dans des tables l'heure exacte de Paris à laquelle telle éclipse aura lieu. Si donc au point A on observe l'un de ces phénomènes, il suffira de consulter ces tables pour avoir l'heure exacte de Paris ; d'autre part un chronomètre pourra donner au même instant l'heure exacte du lieu A ; on prendra la différence des deux heures observées.

REMARQUE. — Il est presque inutile de faire remarquer que pour avoir la longitude d'un lieu par rapport au premier mériden, on peut déterminer sa longitude par rapport à un autre méridien dont on aura au préalable déterminé la longitude.

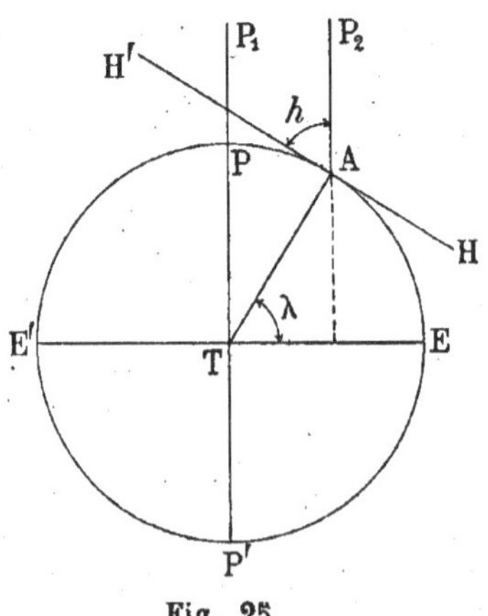

Fig. 25

52. Mesure de la latitude. — THÉORÈME. — *La latitude d'un lieu est égale à la hauteur du pôle céleste au-dessus de l'horizon du lieu.*

En effet, soit A (*fig.* 25) le lieu dont on veut déterminer la latitude $\widehat{ETA} = \lambda$. Le pôle céleste étant à l'infini sur la droite TP, le rayon visuel partant du point A et allant au pôle céleste sera la droite AP₂ parallèle à la droite TP. Par suite la hauteur

h du pôle céleste au-dessus de l'horizon H'H sera l'angle H'AP$_2$. Mais les deux angles aigus h et λ, ayant leurs côtés perpendiculaires, sont égaux.

Or on a appris (37) à déterminer la hauteur du pôle au-dessus de l'horizon ; on connaît par là même la latitude du lieu.

53. Application des coordonnées géographiques. — Elles servent à construire des globes terrestres représentant en réduction la surface de la Terre et ses principales configurations : continents, mers, fleuves, états, villes,....

CHAPITRE III

RAYON DE LA TERRE

---

54. Mesure du rayon. — Soient AB (*fig*. 26) un arc de méridien quelconque, n l'angle au centre correspondant et R le rayon de la Terre. La longueur l de l'arc AB est donnée par la formule

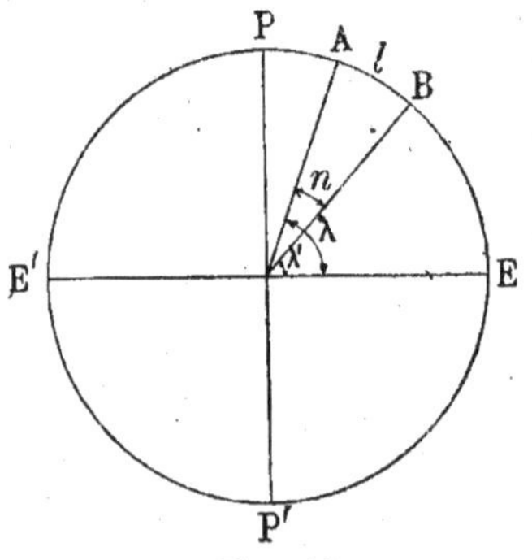

Fig. 26

$$l = \frac{\pi R n}{180}, \quad \text{d'où} \quad R = \frac{180 l}{\pi n}.$$

Donc, pour avoir R, il suffirait de connaître l et n. Or n est donné par la différence $(\lambda - \lambda')$ des latitudes aux points A et B. Quant à la longueur l, elle sera mesurée directement par un procédé, dit de *triangulation*, qu'on ne peut pas exposer dans ce cours.

Par cette méthode on a trouvé pour valeur moyenne du rayon terrestre

$$R = 6\,366 \text{ kilomètres.}$$

55. Système métrique. — En 1790, la Constituante résolut de créer un système uniforme de poids et mesures qui serait imposé à toute la France, et elle en chargea une commission de savants : Laplace, Lagrange, Monge, Borda et Condorcet. Cette commission décida que le système serait décimal et que la base en serait prise dans l'Univers, afin qu'on pût la reconstituer si elle venait à se perdre.

Cette unité fondamentale, dont on fit dériver toutes les autres, fut l'*unité de longueur*, que l'on prit égale à la dix-millionième partie du quart du méridien terrestre, et on l'appela le *mètre*. — C'est pour déterminer cette unité que Delambre et Méchain mesurèrent l'arc du méridien compris entre Dunkerque et Barcelone.

56. Aplatissement de la Terre. — On a vu (43) comment on a été amené à conclure que la Terre avait la forme sphérique ; mais les méthodes employées n'étant pas susceptibles d'une grande précision, il était nécessaire de faire de nouvelles expériences.

Dans ce but deux commissions furent nommées en 1734 pour mesurer l'arc de 1° d'un même méridien à différentes latitudes ; l'une fut envoyée au Pérou et l'autre en Laponie. En réalité elles firent donc leurs mesures sur des méridiens différents ; mais tous les méridiens devant être regardés comme égaux, les résultats devaient être les mêmes que pour un même méridien. Voici les nombres obtenus :

	Latitude.		Longueur d'un arc de 1°.
Pérou	1° 31′ 1″	Sud	56 750 toises.
France	46° 8′ 6″	Nord	57 060 —
Laponie	66° 20′ 10″	Nord	57 422 —

Ces résultats soumis aux calculs prouvèrent que le méridien avait la forme d'une *ellipse* (*) très peu aplatie dont le petit axe était la ligne des pôles. Comme tous les méridiens sont égaux, *la Terre a donc la forme d'un ellipsoïde de révolution légèrement aplati aux pôles.* C'est à peu près la forme d'un œuf (*fig. 27*).

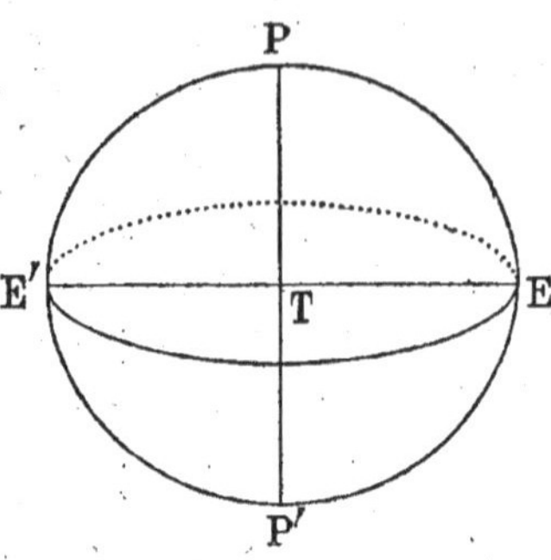

Fig. 27

On pouvait prévoir que la Terre devait être aplatie aux pôles. On verra, en effet, plus tard que la Terre est une planète, et qu'ainsi que les planètes, elle tourne autour d'un axe. Or toutes les planètes, surtout Jupiter et Saturne qui tournent sur eux-mêmes deux fois plus vite que la Terre, sont aplaties aux pôles. La Terre ne saurait faire exception.

Pour expliquer cet aplatissement de la Terre, il suffit d'admettre avec Laplace qu'à l'origine du monde les astres n'étaient qu'une masse fluide et incandescente.

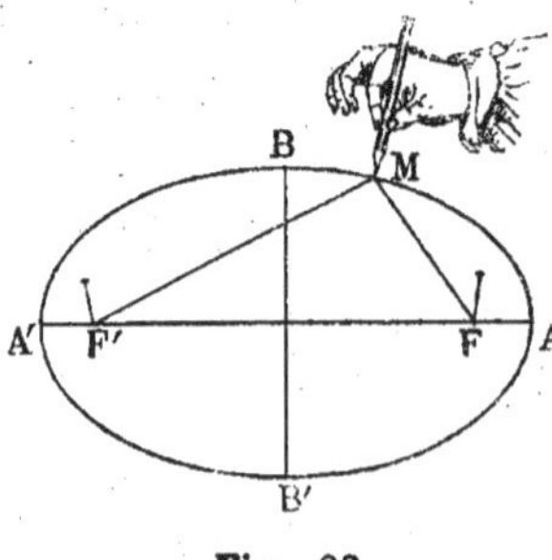

Fig. 28

(*) Une ellipse est une courbe fermée plus ou moins allongée. Sa définition mathématique est la suivante : *l'ellipse est le lieu des points dont la somme des distances à deux points fixes, appelés foyers, est constante.*

La figure 28 montre le tracé d'une ellipse d'un mouvement continu : on prend un fil dont on fixe les deux extrémités au moyen de deux épingles F et F' ; en promenant le crayon de manière que le fil reste toujours tendu, on trace une ellipse de foyers F et F', car la somme MF + MF' reste égale à la longueur constante du fil.

Alors, la Terre et les planètes devaient, en se solidifiant, s'aplatir aux pôles à cause de leur mouvement de rotation, comme le démontre l'expérience suivante :

Dans un vase (*fig.* 29), on verse un mélange d'eau et

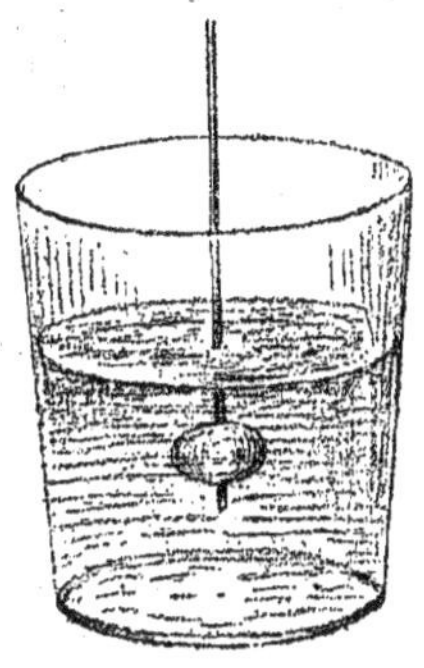

Fig. 29

d'alcool de même densité que l'huile ; puis on y laisse tomber une goutte d'huile. Celle-ci prend immédiatement la forme d'un globule sphérique ; mais si, au moyen d'une aiguille qui la traverse en son milieu, on lui imprime un mouvement de rotation, on la voit s'aplatir de plus en plus à mesure que la vitesse augmente. Avec un mouvement rapide de rotation, on peut même arriver à donner au globule la forme d'un anneau (anneau de Saturne, 130).

57. Définition exacte de la latitude. — La *verticale* en

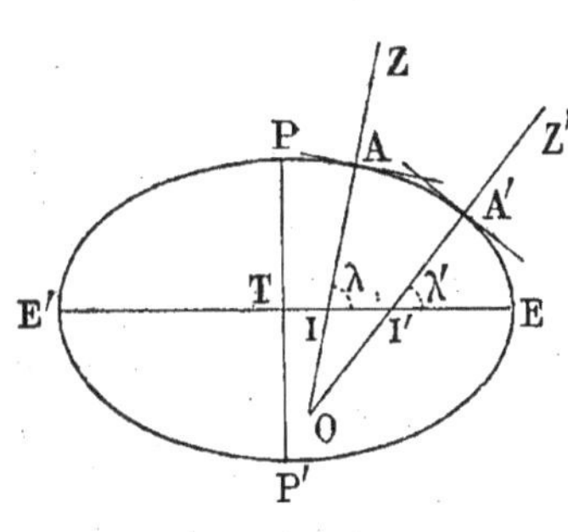

Fig. 30

un point A est toujours la direction du fil à plomb en ce point. Or on vérifie que cette direction est toujours normale (perpendiculaire) à la surface des eaux tranquilles ; donc au point A (*fig.* 30) la verticale AZ est perpendiculaire à la tangente au méridien, elle ne passe donc pas au centre T de la Terre.

La latitude λ du lieu A est toujours l'angle que fait la verticale avec l'équateur, et le théorème énoncé (52) est toujours vrai.

La différence des latitudes aux points A et A' est égale à $\widehat{\text{AOA}'}$.

On a en effet, dans le triangle OII′,

$$\widehat{AII'} = \widehat{IOI'} + \widehat{II'O} \qquad \text{ou} \qquad \lambda = \widehat{AOA'} + \lambda' ;$$

on tire de là
$$\lambda - \lambda' = \widehat{AOA'}.$$

58. Atmosphère terrestre. — On appelle ainsi la couche gazeuse qui entoure la Terre et qui est formée principalement d'oxygène, d'azote et de vapeur d'eau. Son épaisseur est de 120 kilomètres environ, et sa densité d'autant plus faible qu'on s'éloigne davantage de la Terre. C'est la couleur de l'atmosphère qui nous fait croire que le ciel est bleu ; quand on s'élève en ballon dans les régions supérieures de l'atmosphère, on voit le ciel s'assombrir et on aperçoit les étoiles en plein jour.

L'atmosphère terrestre a deux propriétés importantes : 1° elle est nécessaire à la vie des animaux et des végétaux ; 2° elle *diffuse* la lumière et nous éclaire sans que les rayons solaires viennent directement à nous.

59. Réfraction atmosphérique. — On apprend, dans les cours de Physique, que lorsqu'un rayon de lumière passe d'un milieu dans un autre (de l'air dans l'eau, ou dans le verre, ou inversement, etc.), il ne poursuit pas sa route en ligne droite ; il est dévié à la surface de séparation des deux milieux, ou, comme on dit,

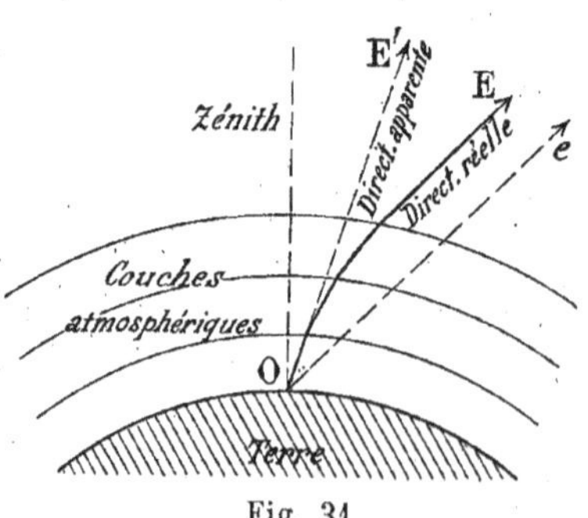

Fig. 31

réfracté. C'est ainsi qu'un bâton à moitié plongé dans l'eau nous apparaît comme s'il était brisé.

Les couches d'air qui forment l'atmosphère agissent, en

raison de leur densité sans cesse croissante jusqu'à la surface de la Terre, comme une série de milieux différents et réfractent les rayons lumineux venant des astres. Ces rayons subissent, comme le montre la figure 31, une série de déviations en atteignant les différentes couches de l'atmosphère, et ils arrivent à notre œil dans une direction différente de celle de l'étoile d'où ils émanent. Ainsi une étoile E, au lieu d'être vue dans la direction O*e*, est vue dans la direction OE'. Par conséquent les visées que l'on fait avec les lunettes sont entachées d'erreur. Mais les astronomes ont à leur disposition des tables de correction qui ont été construites d'après les connaissances que l'on a des lois de la réfraction atmosphérique.

Une conséquence de cette réfraction est qu'en un lieu on voit un peu plus de la moitié de la voûte céleste : on voit des étoiles qui sont au-dessous de l'horizon. Les navigateurs savent, par exemple, que quand on se rend de l'hémisphère boréal dans l'hémisphère austral, on voit encore l'étoile polaire après qu'on a dépassé de 5 à 6° l'équateur. De même le Soleil est visible alors qu'il se trouve au-dessous de l'horizon de 34' environ.

LIVRE III

LE SOLEIL

CHAPITRE I

MOUVEMENT APPARENT SUR LA SPHÈRE CÉLESTE

---

60. Déplacement du Soleil parmi les étoiles. — Le Soleil, comme les étoiles, participe au mouvement diurne; mais, en outre, il doit nécessairement posséder un second mouvement, car il n'occupe pas toujours la même position par rapport aux étoiles. C'est ce second mouvement qu'on appelle *mouvement propre du Soleil.*

Pour préciser ce dernier mouvement, on va successivement étudier les variations d'ascension droite et de déclinaison du Soleil.

61. Variation de l'ascension droite du Soleil. — Sup- posons que le Soleil S et une étoile A (*fig.* 32) passent au même instant au méridien d'un lieu; ils sont alors situés sur le même cercle horaire PMP'. Le lendemain, on constate que le Soleil ne passe au méridien que 4 minutes environ après l'étoile (exactement $3^m 56^s$); il sera alors sur un cercle horaire PM'P', en S', et son ascension droité aura varié de l'arc MM', que l'on trouve presque

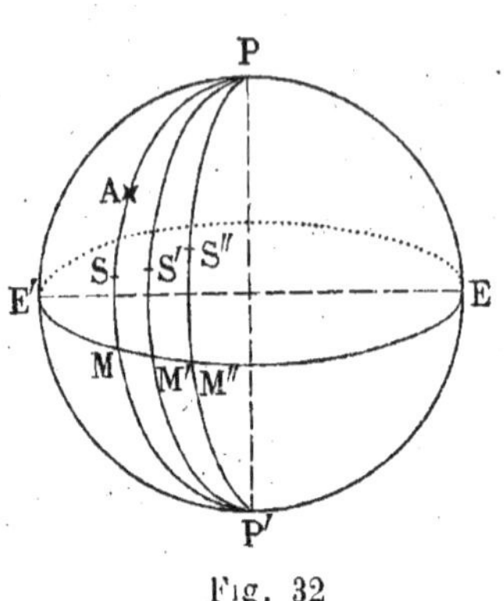

Fig. 32

égal à 1°. Le surlendemain, le Soleil sera en retard de 8^m et son ascension droite aura varié de l'arc MM'', égal à 2° environ, et ainsi de suite..... Après 365^j $^1/_4$, il sera revenu sur le cercle horaire de l'étoile **A** et passera de nouveau au méridien en même temps qu'elle. En résumé, l'ascension droite du Soleil augmente de 1° environ chaque jour et de 360° en 365^j $^1/_4$.

62. Variation de la déclinaison. — Ce n'est pas seulement l'ascension droite du Soleil qui varie chaque jour, mais encore sa déclinaison; celle-ci devient successivement MS, M'S', M''S'', ... Au moyen d'observations faites chaque jour, on trouve les résultats suivants :

Époques	: 20 Mars	21 Juin	23 Septembre	22 Décembre	20 Mars
Déclinaisons	: 0° croît	23° 27' décroît	0°	décroît —23° 27' croît	0°
		Boréale		Australe	

Ces variations de la déclinaison sont mises en évidence par les hauteurs inégales que le Soleil atteint à midi durant une année, ou encore par les longueurs inégales des ombres des objets éclairés par le Soleil.

63. Écliptique. — Déterminons chaque jour l'ascension

droite et la déclinaison du Soleil à son passage au méridien, en prenant comme origine des ascensions droites le cercle horaire PAP′ d'une étoile A (*fig.* 33); puis au moyen de ces coordonnées marquons sur un globe céleste les positions correspondantes du Soleil, S′, S″, S‴, …. En joignant tous ces points par un trait continu, on obtient un grand cercle εʹε du globe, qu'on appelle *écliptique*. On peut donc dire :

L'écliptique est le grand cercle de la sphère céleste que le Soleil décrit par son mouvement propre dans le sens direct.

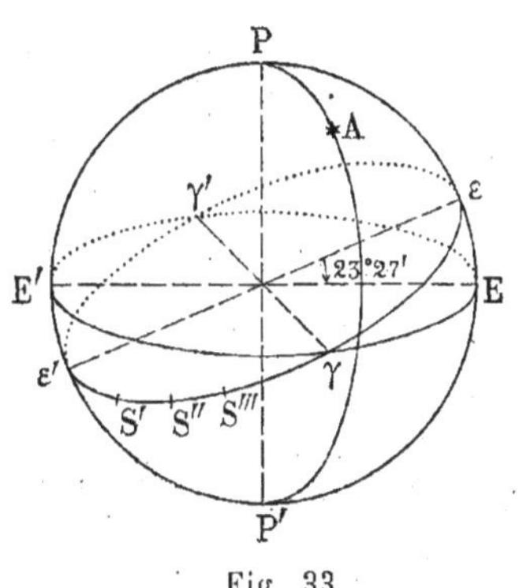

Fig. 33

Le plan de l'écliptique est incliné de 23° 27′ environ sur le plan de l'équateur. Cet angle n'est pas tout à fait constant et diminue actuellement de 46″ par siècle; en 1900 il sera de 23°27′8″ environ. D'après Laplace, la variation de l'obliquité de l'écliptique est due à un mouvement oscillatoire de son plan, d'une amplitude de 3° environ et d'une durée supérieure à 20000 ans.

Remarque I. — Il ne faudrait pas conclure de ce qui précède que la courbe décrite dans l'espace par le Soleil est un cercle ; on verra même que la trajectoire du Soleil est une ellipse (73).

Remarque II. — Le nom d'écliptique, donné par les Anciens, provient de ce que les éclipses n'ont lieu que lorsque la Lune se trouve dans le plan de l'écliptique.

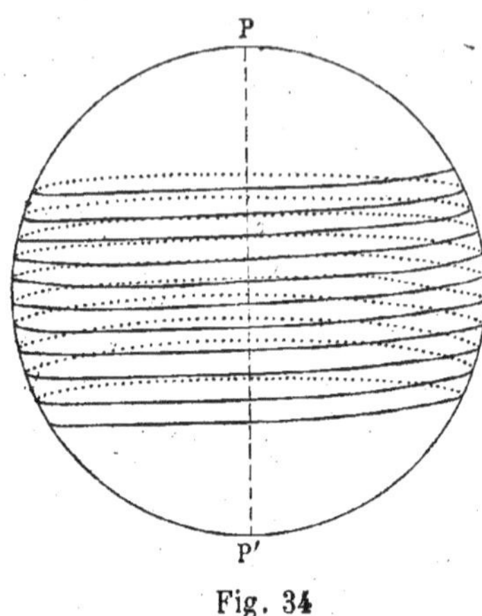

Fig. 34

64. Mouvement apparent du Soleil. — De ce qui précède, on conclut que le Soleil participe à deux mouvements : 1° le mouvement diurne, qui le fait tourner autour de l'axe du monde ; 2° son mouvement propre, qui lui fait décrire l'écliptique. Ces deux mouvements se combinant, le Soleil décrit en réalité sur la sphère céleste une sorte d'hélice de 365 spires (*fig.* 34).

65. Équinoxes. Solstices. — Les points d'intersection de l'écliptique avec l'équateur s'appellent *points équi-noxiaux* ou *équinoxes* (*æqua nox*, nuit égale), ainsi appelés parce que, le Soleil étant en ces points, le jour est égal à la nuit pour tous les lieux de la Terre. Le point γ où le Soleil passe de l'hémisphère austral dans l'hémi-sphère boréal est appelé *équinoxe du printemps* ou *point vernal.* Le point γ′ s'appelle *équinoxe d'automne* (*fig.* 33).

On appelle *points solsticiaux* ou *solstices* (*sol stat*, le soleil s'arrête) les points ε et ε′ où le Soleil atteint *sa plus grande déclinaison* boréale et australe ; ils sont sur le dia-mètre perpendiculaire à la ligne γγ′ des équinoxes. Le solstice d'été ε est celui qui est dans l'hémisphère boréal, l'autre ε′ est le solstice d'hiver. Le mot solstice provient de ce que le Soleil arrivé à l'un de ces points, conserve sensiblement la même déclinaison 23°27′ pendant quelques jours, de telle sorte que le mouvement du Soleil semble s'arrêter, *en déclinaison* seulement.

66. Origine des ascensions droites et du jour sidéral. — On prend comme origine des ascensions droites pour tous les astres le point vernal γ (on en verra bientôt la raison, n° 75).

D'après ce qu'on a vu (40), on devra aussi prendre comme origine du jour sidéral l'instant du passage du point γ au méridien du lieu.

67. Année tropique. — On appelle ainsi l'intervalle de temps qui s'écoule *entre deux équinoxes consécutifs du printemps.* Cet intervalle vaut 365ʲ ¼ et constitue ce qu'on appelle l'année.

68. Constellations zodiacales. — On nomme ainsi les 12 constellations que traverse l'écliptique sur la sphère céleste ; elles divisent à peu près en 12 parties égales l'écliptique et par suite l'année. On a donné leurs noms (10) par ordre des mois de l'année et à partir du mois de mars. Mais il importe de remarquer que cette correspondance, qui était exacte vers l'an 300 avant J.-C., ne l'est plus.

Maintenant le Soleil se trouve au mois de mars dans la constellation des Poissons, au lieu d'être dans celle du Bélier. Ce changement est dû au phénomène de la précession des équinoxes (76 et 77).

CHAPITRE II

MOUVEMENT ELLIPTIQUE DU SOLEIL. — SAISONS

69. Définition du diamètre apparent. — On appelle *diamètre apparent d'un astre*, en général, l'angle sous lequel on voit le diamètre réel de l'astre. Ainsi soient (*fig.* 35) **T** la Terre, S le Soleil, **TA** et **TB** les tangentes au disque du Soleil : le diamètre apparent est l'angle **ATB**.

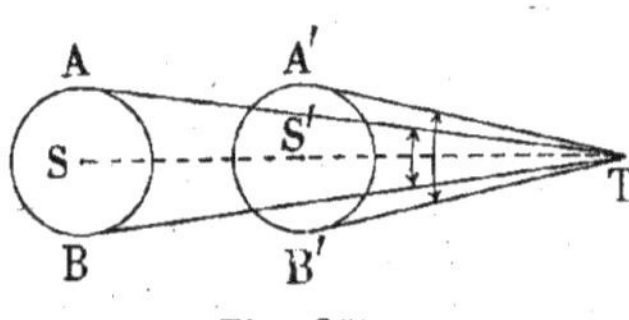

Fig. 35

70. Variation du diamètre apparent du Soleil. — Si l'on mesure chaque jour de l'année le diamètre apparent du Soleil, on reconnaît qu'il varie de la manière suivante :

Époques	1er Janvier		1er Juillet		1er Janvier
Diam. apparents.	32' 36",4	décroît	31' 32"	croît	32' 36",4
	maximum		minimum		maximum

71. Variations des distances du Soleil à la Terre. — De ce que le diamètre apparent du Soleil varie, on doit conclure nécessairement que sa distance à la Terre varie ; plus la distance du Soleil à la Terre est petite, plus son diamètre apparent est grand, et inversement (*fig.* 35). On peut donc dresser le tableau suivant des variations des distances :

Époques. . .	1er Janvier		1er Juillet		1er Janvier
Diam. appar.	*maximum*	décroît	*minimum*	croît	*maximum*
Distances . .	*minimum*	croît	*maximum*	décroît	*minimum*

C'est donc au mois de janvier que le Soleil est le plus rapproché de la Terre et au mois de juillet qu'il en est le plus éloigné. Dans nos pays, beaucoup de gens croient le contraire, car ils attribuent les variations de température aux variations des distances du Soleil à la Terre.

72. Distance du Soleil à la Terre. Son rayon. — La distance du Soleil à la Terre est variable, d'après ce qu'on vient de voir ; on va se contenter de donner sa distance moyenne et son rayon :

$$\text{Distance moyenne} = 23\,280\ \text{R},$$
$$\text{Rayon} = 108\ \text{R},$$

R étant le rayon terrestre.

73. Lois du mouvement du Soleil dans l'espace. — Des variations des distances du Soleil à la Terre et de son mouvement sur l'écliptique, Képler (1600) a déduit les deux lois suivantes :

1° *Le Soleil décrit dans l'espace une ellipse dont la Terre occupe l'un des foyers.*

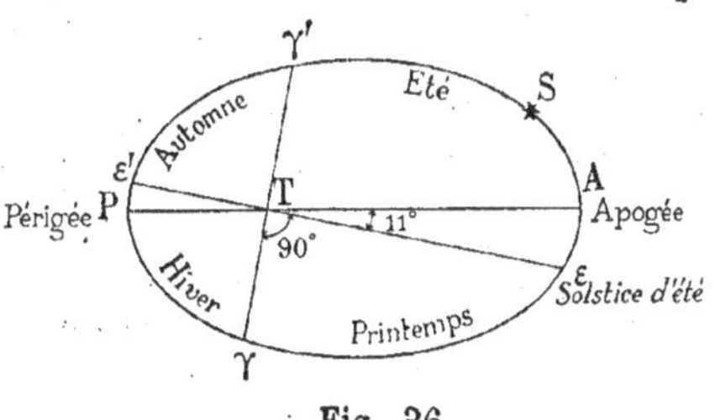

Fig. 36

On a représenté cette ellipse (*fig.* 36) avec la ligne des équinoxes et la ligne des solstices ; cette dernière se rapproche beaucoup du grand axe PA de l'ellipse.

Le grand axe AP s'appelle *ligne des apsides*. L'extrémité P la plus rapprochée de la Terre s'appelle le *périgée* (περὶ, γης, près de la Terre) ou *périhélie* (περὶ, ἥλιος, près du Soleil) ; l'autre extrémité A s'appelle l'*apogée* ou *aphélie*.

2° *Les aires décrites en des temps égaux par la droite qui joint la Terre au Soleil (rayon vecteur) sont égales, et, réciproquement, des aires égales sont décrites en des temps égaux.*

74. Saisons : leurs inégalités. — *On appelle saisons les intervalles de temps compris entre un équinoxe et le solstice suivant ou entre un solstice et l'équinoxe suivant.*

Il y a quatre saisons d'inégales durées :

1° Le *printemps*, qui s'étend de l'équinoxe du printemps au solstice d'été, ou du 20 mars au 21 juin ; sa durée est de 92^j 20^h ;

2° L'*été*, qui s'étend du solstice d'été à l'équinoxe d'automne, ou du 21 juin au 23 septembre ; sa durée est de 93^j 14^h ;

3° L'*automne*, qui s'étend de l'équinoxe d'automne au solstice d'hiver, ou du 23 septembre au 22 décembre ; sa durée est de 89^j 21^h ;

4° L'*hiver*, qui s'étend du solstice d'hiver à l'équinoxe du printemps, ou du 22 décembre au 20 mars ; sa durée est de 88^j 21^h.

L'inégalité des saisons résulte de la deuxième loi de Képler. En effet, des quatre secteurs décrits par la droite TS pendant les saisons, on voit (*fig.* 36) que celui dont l'aire est maxima est le secteur εTγ', correspondant à l'été ; puis viennent, par ordre décroissant, les secteurs du printemps, de l'automne et de l'hiver.

CHAPITRE III

COORDONNÉES ÉCLIPTIQUES.
IDÉE DE LA PRÉCESSION DES ÉQUINOXES

---

75. Longitude et latitude célestes. — Les astronomes ont été amenés à prendre un nouveau système de coordonnées, ayant pour plan fondamental le plan de l'écliptique. Pour cette raison, on les appelle *coordonnées écliptiques*; en voici la définition.

Soit Π'Π (*fig.* 37) le diamètre perpendiculaire au plan de l'écliptique :

1° *On appelle longitude d'un astre* A *l'angle dièdre que fait le demi-cercle* ΠAΠ' *avec le demi-cercle* ΠγΠ' *pris pour origine.*

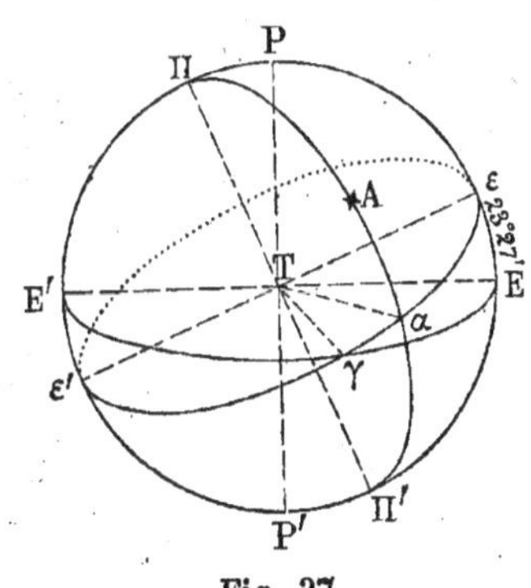

Fig. 37

Cet angle se mesure par l'arc γα de l'écliptique et se compte de 0 à 360° dans le sens *direct*.

2° *On appelle latitude d'un astre* A *l'angle que fait le rayon visuel* **TA** *avec le plan de l'écliptique.*

Cet angle se compte de 0 à $\pm\,90°$ et se mesure par l'arc αA.

C'est afin que l'ascension droite et la longitude aient une même origine sur la sphère céleste que l'on a pris le point γ.

76. Précession des équinoxes. — Supposons que lorsque le Soleil passe au point vernal γ (*fig.* 38), une étoile A soit sur le même cercle horaire que lui. Le lendemain, le Soleil sera en retard de 4^m sur l'étoile, de 8^m le 2e jour, … et si tout se passait comme on l'a supposé jusqu'alors, après une année tropique le Soleil traverserait l'équateur au même point γ. Or on observe

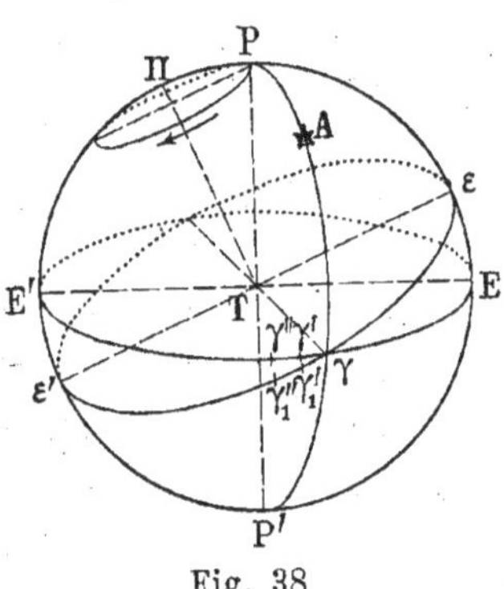

Fig. 38

que l'équinoxe du printemps suivant n'a plus lieu en ce point, mais en un point γ' situé dans le *sens rétrograde* et tel que l'arc $\gamma\gamma' = 50'',2$. Après deux ans, l'équinoxe aura lieu en un point γ'' tel que l'arc $\gamma\gamma'' = 100'',4$, et ainsi de suite. En résumé, le Soleil, dans son mouvement propre, décrivant l'écliptique et partant du point γ, retrouve l'équateur $50'',2$ avant de repasser au cercle horaire de ce point γ. D'où le nom de *précession des équinoxes* donné à ce phénomène.

Le point γ décrit l'équateur en

$$\frac{360 \times 60 \times 60}{50,2} = 26\,000 \text{ ans.}$$

Aujourd'hui, les astronomes sont unanimes, pour expliquer ce fait, à supposer que l'axe du monde P'P tourne autour de l'axe TΠ du plan de l'écliptique dans le sens de la flèche. Dans ce mouvement, l'axe P'P emporte l'équateur E'E qui lui est invariablement lié, tandis que l'écliptique ne varie pas. Ce sont donc les points $\gamma, \gamma'_1, \gamma''_1, \ldots$ de l'écliptique qui deviennent successivement équinoxe du printemps $(\gamma\gamma'_1 = \gamma'_1\gamma''_1 = \ldots = 50'',2)$.

Parmi les raisons qui font admettre cette hypothèse, on citera la constance des latitudes célestes des étoiles, tandis que leurs déclinaisons varient d'une année à l'autre.

77. Changement d'aspect de la sphère céleste. — D'après le phénomène de la précession, le pôle nord décrit un cercle de la sphère céleste dont le pôle est le point Π (*fig.* 38). Il s'ensuit donc que l'étoile polaire doit changer suivant les époques; en effet, lors de la construction des pyramides d'Egypte, c'était l'α du Dragon qui servait d'étoile polaire; à cette époque, notre étoile polaire ou l'α de la Petite Ourse était éloignée de 12° environ du pôle nord P; aujourd'hui elle ne l'est plus que de 1° 30' environ. Pendant 250 ans encore, le pôle nord se rapprochera de l'α de la Petite Ourse, pour s'en éloigner ensuite. Dans 12 000 ans, c'est Véga qui sera étoile polaire.

De même le point γ doit décrire en 26 000 ans toutes les constellations zodiacales. Il y a donc changement par rapport à un même point de la Terre dans les autres constellations : des étoiles visibles autrefois deviennent invisibles, et *vice versa*. C'est ainsi qu'il y a 40 siècles, les étoiles de première grandeur α et β du Centaure étaient visibles en Europe, tandis qu'aujourd'hui elles ne le sont plus.

78. Année sidérale. — On appelle *année sidérale* l'intervalle de temps qui sépare deux retours consécutifs du Soleil au même cercle horaire, c'est-à-dire le temps que met le Soleil dans son mouvement propre à décrire l'écliptique tout entier. On a évidemment

Année sidérale $=$ année tropique $+$ temps mis à parcourir l'arc $\gamma'\gamma$.

L'année sidérale est donc plus longue que l'année tropique.

CHAPITRE IV

ROTATION DU SOLEIL. — CONSTITUTION PHYSIQUE

79. Taches du Soleil. Sa rotation. — Quand on observe le Soleil avec une lunette munie d'un verre d'une teinte très foncée pour affaiblir l'éclat et la chaleur des rayons, on aperçoit à sa surface des taches noires de formes très irrégulières. Ces taches sont généralement formées d'un noyau central noirâtre, entouré d'une pénombre.

On reconnaît encore que ces taches ne sont pas immobiles sur le disque solaire ; elles se déplacent de l'Est vers l'Ouest, disparaissent pour reparaître ensuite au bord opposé. Du mouvement de ces taches on a conclu que le Soleil avait un mouvement de rotation sur lui-même s'effectuant en 25^j 4^h.

80. Constitution physique et chimique du Soleil. — Parmi les taches dont on vient de parler, quelques-unes changent de forme ou disparaissent même complètement pour ne plus reparaître ; d'autres, au contraire, viennent à se produire et s'agrandissent. Cette transformation ne peut évidemment s'expliquer qu'en admettant que la surface extérieure du Soleil est gazeuse. Cette hypothèse, d'ailleurs, se comprend très bien, si l'on tient compte de la chaleur intense qui doit régner au centre du disque solaire et maintenir les parties extérieures à l'état gazeux.

La découverte de l'analyse spectrale est venue confirmer l'opinion précédente, et l'on admet aujourd'hui que le Soleil est constitué de la façon suivante :

1° Un noyau fluide et opaque porté à une température très élevée, qui surpasse de beaucoup celles que nous pouvons obtenir ;

2° Une première couche gazeuse et lumineuse, appelée *photosphère* (φῶς, lumière ; σφαῖρα, sphère) : c'est la partie éclairante du Soleil ;

3° Une seconde couche gazeuse, de couleur rose, appelée *chromosphère* (χρῶμα, couleur). De cette couche s'élèvent des jets de flammes qu'on nomme *protubérances* ; ils atteignent parfois des hauteurs considérables, égales à vingt fois le rayon de la Terre. C'est pendant les éclipses de Soleil qu'on les observe avec le plus de facilité.

4° Enfin la chromosphère est elle-même entourée d'une *couronne blanche*, visible lors des éclipses totales de Soleil.

L'analyse spectrale a fait voir que la plupart des éléments que l'on trouve sur la Terre se retrouvent dans le Soleil ; tels sont : l'hydrogène, le sodium, le calcium, le fer, le magnésium, …

On admet aujourd'hui que le noyau central est un fluide dont la haute température réduit les corps en vapeurs, qui forment d'abord la photosphère. — Les corps les plus volatils, tels que l'hydrogène, le sodium, le calcium,… gagnent la périphérie de la photosphère et forment la chromosphère. Ce sont les mouvements ascendants de ces vapeurs qui produisent les protubérances, et leurs mouvements descendants, dus à leur refroidissement, qui forment les taches du Soleil.

81. Comparaison du Soleil aux étoiles. — L'analyse spectrale appliquée à quelques étoiles démontre qu'elles ont à peu près la même constitution physique et chimique que le Soleil : 1° elles sont formées d'un noyau fluide en incandescence, entouré d'une atmosphère gazeuse ; 2° elles contiennent de l'hydrogène, du sodium, du calcium, du fer, ...

Ces analogies prouvent suffisamment que les étoiles sont autant de Soleils ou que le Soleil n'est qu'une étoile. — Si le Soleil a un diamètre et un éclat plus grands que ceux des étoiles, c'est qu'il est beaucoup plus rapproché de nous ; transporté à la même distance qu'une étoile de même volume, il aurait le même éclat qu'elle et apparaîtrait comme un point lumineux.

LIVRE IV

LA LUNE

CHAPITRE 1

MOUVEMENTS ET ÉLÉMENTS DE LA LUNE

---

82. Mouvement propre de la Lune. — La Lune participe au mouvement diurne de la sphère céleste, mais en outre elle a, comme le Soleil, un *mouvement propre* en vertu duquel sa position change chaque jour par rapport aux étoiles. Ce mouvement propre est *direct*, comme celui du Soleil.

En procédant comme au n° 63, on trouve que la Lune dans son mouvement propre décrit (*fig.* 39) un *grand cercle l'l presque confondu avec l'écliptique ε'ε* (ils sont inclinés l'un sur l'autre de 5° environ). On appelle ce grand cercle *orbite lunaire*.

Le mouvement propre de la Lune est beaucoup plus rapide que celui du Soleil. Ainsi, dans leurs mouvements propres, le Soleil est en retard de 4^m environ par jour (61), tandis que la Lune a un retard de $50^m 30^s$; pendant que le Soleil parcourt 1° environ de son orbite par jour, la Lune parcourt 13° du sien; enfin le Soleil met 365^j environ à parcourir son orbite et la Lune ne met que $27^j 8^h$.

83. Ligne des nœuds. — *On appelle ligne des nœuds l'intersection* NN' *(fig. 39) du plan de l'orbite lunaire avec le plan de l'écliptique.*

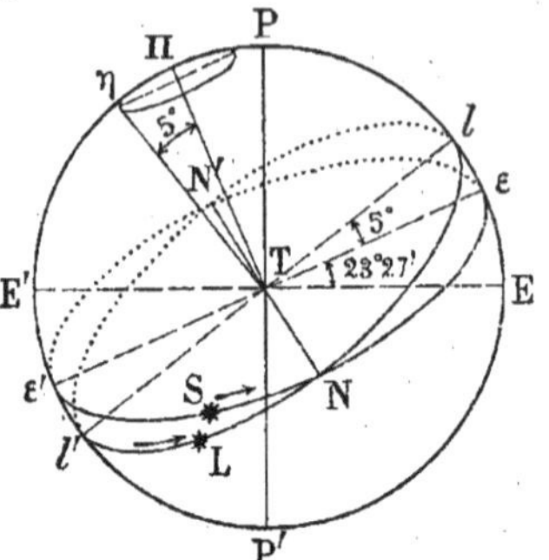

Fig. 39

Le point N où la Lune traverse l'écliptique pour passer de la région australe dans la région boréale s'appelle *nœud ascendant;* le point N' s'appelle *nœud descendant.*

La ligne des nœuds, comme la ligne des équinoxes (76), *rétrograde sur l'écliptique* et accomplit une révolution complète en 18 ans 1/2. Ce mouvement, qui est rapide relativement à la rétrogradation de la ligne des équinoxes (26 000 ans), est dû à la rotation de l'axe Tη de l'orbite lunaire, décrivant autour de l'axe TΠ de l'écliptique un cône de révolution dont le demi-angle au sommet vaut 5°.

84. Conjonction, opposition. — On dit que la Lune et le Soleil sont en *conjonction lorsqu'ils ont même longitude céleste,* qu'ils sont par exemple en L et S ou en L' et S' *(fig. 40).* Comme les deux orbites lunaire et solaire sont presque confondues, on pourra encore dire qu'il y a conjonction lorsque la Lune et le Soleil sont dans la *même direction.*

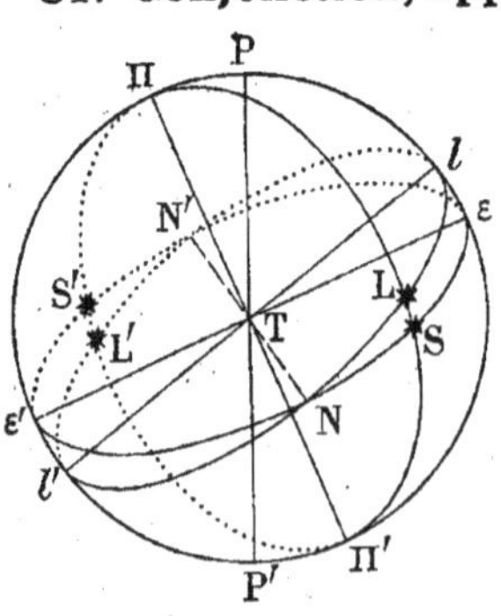

Fig. 40

Il y a *opposition entre la Lune et le Soleil lorsque leur*

longitude diffère de 180° ou lorsqu'ils sont dans des *directions opposées*, par exemple en L et S′ ou en L′ et S.

85. Révolutions sidérale et synodique de la Lune. — On appelle *révolution sidérale de la Lune le temps que cet astre, dans son mouvement propre, met à parcourir son orbite.* Ce temps est de 27ᴶ 8ʰ.

On appelle *révolution synodique de la Lune* ou *lunaison, le temps qui s'écoule entre deux conjonctions consécutives ou entre deux oppositions.* Ce temps est de 29ᴶ 12ʰ.

Il est facile de voir que la lunaison doit être plus longue que la révolution sidérale. En effet, admettons, pour plus de simplicité, que les plans de l'écliptique et de l'orbite lunaire soient confondus et que les deux orbites soient des cercles dont la Terre occupe le centre. Supposons, de plus, que la Lune et le Soleil soient, par exemple, en conjonction en L et S (*fig.* 41); tous les deux vont, dans leurs mouvements propres, se déplacer dans le sens de la flèche, et après 27ᴶ 8ʰ la Lune sera revenue au point de départ en L. Mais le Soleil, pendant ce temps, aura parcouru l'arc SS′, et la nouvelle conjonction n'aura lieu que suivant la droite TL″S″. On a donc

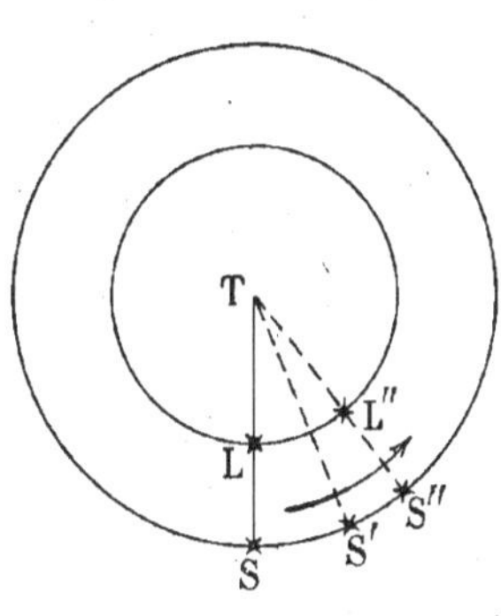

Fig. 41

Lunaison = révolution sidérale + temps mis à parcourir l'arc LL″.

86. Éléments de la Lune. — Le diamètre apparent de la Lune varie entre 29′ 24″ et 33′ 31″; il a une valeur moyenne de 31′ (un peu moindre que celle du Soleil).

On déduit de là, comme pour le Soleil, que la distance de la Lune à la Terre est variable; sa valeur moyenne est de 60 R (R est le rayon terrestre). La Lune est bien moins grosse que la Terre; son rayon est le quart environ (0,27 R) de celui de la Terre.

Si l'on remarque que le rayon du Soleil est de 108 R, on en conclut que la grosseur de cet astre est telle, que s'il avait son centre au centre de la Terre, non seulement il engloberait la Lune dans toutes les positions qu'elle occupe autour de la Terre, mais il la dépasserait de beaucoup.

87. Lois du mouvement de la Lune. — Des variations des distances de la Lune à la Terre, on déduit que :

1° *La Lune décrit une ellipse dont la Terre occupe l'un des foyers ;*

2° *Les aires décrites par les rayons vecteurs en des temps égaux sont égales.*

Ce sont les deux lois de Képler (73) appliquées à la Lune.

CHAPITRE· II

PHASES DE LA LUNE

---

88. Préliminaires. — La Lune, ainsi que la Terre, ne sont pas lumineuses par elles-mêmes ; elles ne sont éclairées que par la lumière du Soleil. D'ailleurs, comme ce sont des corps sensiblement sphériques, le Soleil n'en éclairera jamais que la moitié à la fois.

Ainsi, soit L la Lune (*fig.* 42) ; le Soleil étant à une très grande distance de la Lune, envoie sur celle-ci des rayons sensiblement parallèles. Les rayons solaires tangents forment un cylindre de révolution, qui touche la Lune suivant un grand cercle I'I. Ce grand cercle, qui sépare l'hémisphère situé dans la lumière de l'hémisphère situé dans l'ombre, s'appelle le *cercle d'illumination*.

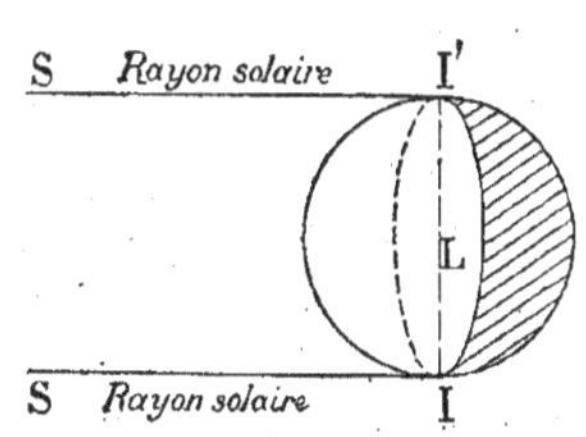

Fig. 42

D'autre part, la Terre pouvant occuper différentes positions par rapport à la Lune, on conçoit que la forme de celle-ci doive changer, suivant que l'on aperçoit une portion plus ou moins grande de l'hémisphère éclairé. Les différents aspects que présente alors la Lune pendant une lunaison s'appellent *phases*.

On appelle encore *contour apparent* de la Lune le grand cercle qui sépare l'hémisphère tourné vers la Terre de l'hémisphère opposé.

89. Phases de la Lune. — On va supposer, pour plus de simplicité, que la Lune décrit un cercle autour de la Terre, et que le plan de ce cercle est confondu avec le plan de l'écliptique ; les rayons du Soleil, supposé immobile, arriveront, par exemple, parallèlement à la flèche S.

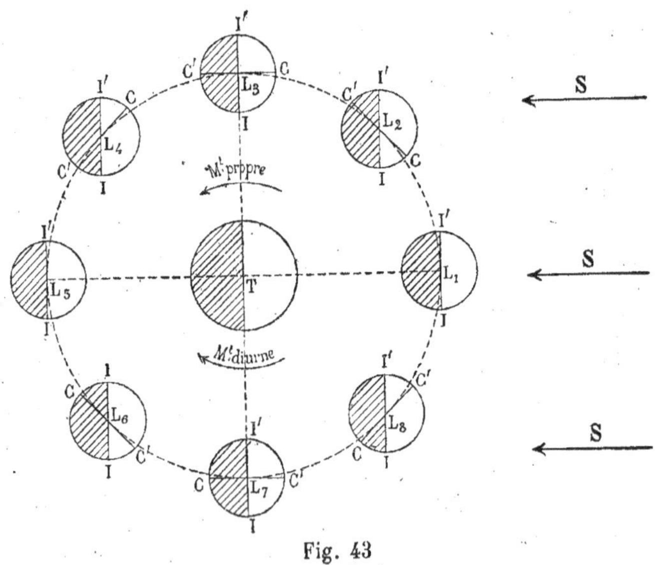

Fig. 43

1° **Nouvelle Lune.** — Soit L_1 (*fig.* 43) la position de la Lune *en conjonction* avec le Soleil ; dans ce cas le cercle d'illumination et le cercle de contour apparent étant tous deux perpendiculaires à la même direction TS, sont confondus en II′, et c'est l'hémisphère situé dans l'ombre qui est tourné vers la Terre. La Lune est donc invisible, et l'on dit qu'il y a *nouvelle lune* ou *néoménie* (νέος μήν, nouvelle lune).

On conclut encore que lors de la nouvelle lune, le Soleil et la Lune passent en même temps au méridien, c'est-à-dire vers midi.

Quelques jours après, la Lune, d'après son mouvement propre direct, aura passé de la position L_1 à la position L_2

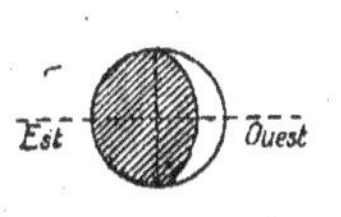

Fig. 44

par exemple. Le cercle d'illumination, toujours perpendiculaire à la direction fixe S, restera parallèle à lui-même ; et le cercle de contour apparent sera devenu CC′, perpendiculaire au rayon visuel TL_2. Alors de la Terre on verra le fuseau sphérique IL_2C, qui nous apparaîtra comme un *croissant* (*fig.* 44). Celui-ci ira en augmentant de la position L_1 à la position L_3.

On voit encore, d'après le sens du mouvement diurne de la Lune (*fig.* 43), que celle-ci se couchera après le Soleil et que son croissant sera par suite tourné *vers le couchant* ou *vers l'Ouest*.

2º Premier Quartier. — Soit la Lune en L_3 quand sa longitude diffère de 90° de celle du Soleil, ce qui

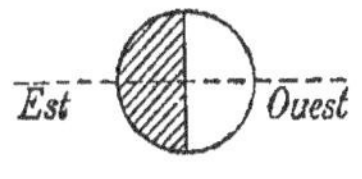

Fig. 45

arrivera après
$$\frac{29^{j}\,12^{h}}{4} = \frac{28^{j}\,36^{h}}{4} = 7^{j}\,9^{h}$$
environ. On verra alors la moitié de l'hémisphère éclairé ou le quart de la Lune, et ce quart nous apparaîtra comme un *demi-cercle* (*fig.* 45).

La Lune en ce moment se couche 6^h après le Soleil et passe au méridien vers 6^h du soir. C'est donc le soir qu'on l'aperçoit.

A partir du premier quartier, la portion éclairée augmentera et prendra la forme ci-contre (*fig*. 46).

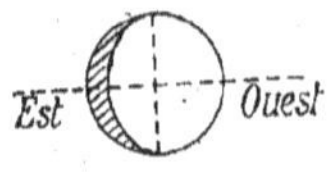

Fig. 46

3° **Pleine Lune.** — Soit L$_5$ la position de la Lune lors de l'*opposition*, ce qui arrive 7^j 9^h après le premier quartier. Les deux cercles d'illumination et de contour apparent sont encore confondus et tout l'hémisphère éclairé sera vu. Cet hémisphère nous apparaîtra sous la forme d'un cercle.

A ce moment la Lune est en retard de 12^h sur le Soleil et passe au méridien vers minuit ; elle se lève vers le soir et se couche le matin.

A partir de la pleine lune les phases se reproduisent dans un ordre inverse (*fig*. 47), puisque la Lune reprend par rapport à la direction TS les positions symétriques des premières. Cependant il y aura un changement important à signaler : c'est que la partie convexe des croissants sera tournée vers l'*Est* au lieu d'être vers l'*Ouest* comme précédemment.

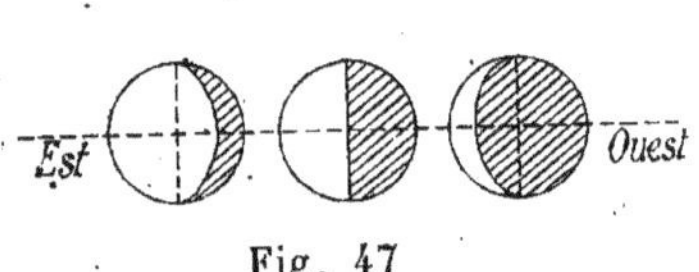

Fig. 47

4° **Dernier Quartier.** — Il se produit quand la longitude de la Lune diffère de 270° de celle du Soleil ; la Lune est en L$_7$.

A ce moment la Lune est en retard de 18 h. environ sur le Soleil ; elle passe donc au méridien vers six heures du matin et se lèvera vers minuit. C'est donc le matin qu'elle éclaire la Terre.

Remarque I. — On a dit qu'il y avait *nouvelle lune* *lors d'une conjonction* et que, par suite, *le Soleil et la Lune passaient presque ensemble au méridien de chaque lieu*, c'est-à-dire *vers midi* ; mais il faut bien remarquer que la nouvelle lune peut avoir lieu à n'importe quelle heure de la journée.

Remarque II. — Pour distinguer les deux quartiers, il faut bien se rappeler que lors du premier quartier on voit la Lune le soir, et lors du dernier quartier on voit la Lune le matin, la convexité étant tournée vers l'Est.

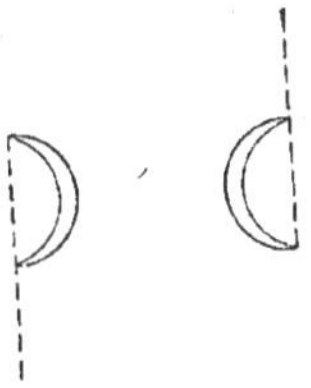

On peut d'ailleurs donner la règle mnémonique suivante : on prolonge par la pensée le diamètre qui joint les extrémités du croissant ; si l'on peut former ainsi la lettre petit *p* (*fig*. 48, A), on est dans le *premier* quartier ; si l'on peut former la lettre petit *d* (*fig*. 48, B), on est dans le *dernier* quartier (*).

A
Fig. 48   B

90. Lumière cendrée. — Un peu avant ou un peu après la nouvelle lune, lorsque le croissant est très délié, on distingue à l'œil nu tout le disque lunaire dont la majeure partie se trouve éclairée par une faible lumière appelée *lumière cendrée*. Ce phénomène s'explique facilement. En effet, peu avant la conjonction, par exemple, le fuseau ILC (*fig*. 49) nous apparaît comme un croissant ; mais

---

(*) Pour savoir si la Lune croît ou décroît, on peut encore remarquer qu'elle varie comme la lettre x : le premier quartier correspond au premier jambage, ɔ ; le dernier quartier, au dernier jambage, **c.**

en ce moment le Soleil éclaire l'hémisphère $I_1AI'_1$ de la

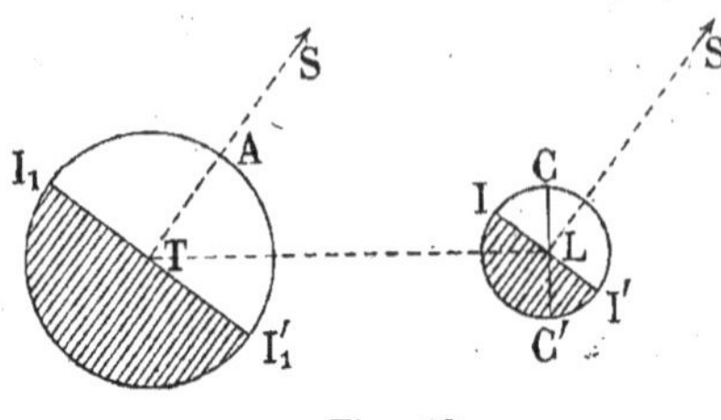

Fig. 49

Terre qui réfléchit les rayons solaires vers la partie dans l'ombre de la Lune et l'éclaire faiblement. C'est d'après le même phénomène d'ailleurs que la Lune, éclairée par le Soleil, nous renvoie les rayons solaires et éclaire une partie de la Terre plongée dans la nuit (lors de la pleine lune).

CHAPITRE III

DESCRIPTION DE LA LUNE

91. Taches de la Lune. Sa rotation. — Lors de la pleine lune, il est facile d'apercevoir à l'œil nu des taches grisâtres sur le disque lunaire. Or, depuis les temps les plus reculés, on aperçoit toujours les mêmes taches dans les mêmes positions sur le disque. De cette immobilité apparente des taches on conclut que la Lune tourne sur elle-même en $27^j 8^h$.

Son jour sidéral est donc de $27^j 8^h$ et son jour solaire de $29^j 12^h$ (de nos jours).

92. Montagnes de la Lune. — En observant les taches de la Lune avec une lunette, on voit qu'elles sont dues à l'existence de montagnes et cavités distribuées sur sa surface (*fig.* 50). Ces montagnes, semblables aux cratères de nos volcans, présentent assez l'aspect d'une contrée volcanique ; quelques-unes sont aussi élevées que nos plus hautes montagnes et atteignent près de 9^{km}.

Fig. 50

93. Absence d'atmosphère et d'eau à la surface de la Lune. — Divers indices ont amené à penser que la Lune ne devait pas être entourée d'atmosphère, ou du moins que, si cette atmosphère existait, elle devait être très rare. En effet, on remarque qu'à sa surface les lignes d'ombre et de lumière sont nettement tranchées, c'est-à-dire que la lumière n'y est point diffusée comme cela arriverait s'il y avait une atmosphère. L'analyse spectrale confirme cette hypothèse.

L'eau doit également faire défaut sur la surface de la Lune, sans quoi en s'évaporant elle produirait des nuages qui nous cacheraient certaines parties du disque. Or on n'a jamais aperçu de tels nuages. D'ailleurs la présence de l'eau créerait en partie une atmosphère.

Puisqu'il n'y a pas d'atmosphère entourant la Lune, le ciel vu de la Lune ne paraît pas bleu ; il doit être noir, et les étoiles doivent y briller en plein jour. Les mêmes phénomènes s'observent lorsque, dans une ascension en ballon, on s'élève suffisamment au-dessus de la Terre (58).

Comme autre conséquence de l'absence d'atmosphère et d'eau sur la Lune, on peut affirmer que notre satellite ne peut être habité par des êtres animés, du moins semblables à ceux qui vivent sur la Terre.

Enfin, on s'est demandé souvent s'il ne serait pas possible, avec de puissantes lunettes, d'observer les détails de la Lune, voir des animaux, des monuments, ... Il est permis de répondre par la négative. En effet, la Lune ayant un faible éclat, il n'est guère possible d'employer une lunette grossissant plus de 1000 fois. Or, une telle lunette rapprocherait la Lune à $\dfrac{60\,\mathrm{R}}{1\,000}$ ou 400 kilomètres environ de la Terre, et à cette distance il est impossible à l'œil d'apercevoir des objets sur la Lune. Même avec un grossissement égal à 10000, on ne rapprocherait la Lune qu'à 40 kilomètres, ce qui serait encore insuffisant.

CHAPITRE IV

INFLUENCE DE LA LUNE SUR LES PHÉNOMÈNES TERRESTRES

La Lune, comme le Soleil, ne peut agir sur la Terre que par son attraction, sa lumière et sa chaleur.

94. Attraction. Marées. — Les effets d'attraction de la Lune sur la Terre sont très sensibles et produisent à peu près deux fois par jour le phénomène de la *marée*, dans la direction TL (*fig. 51*).

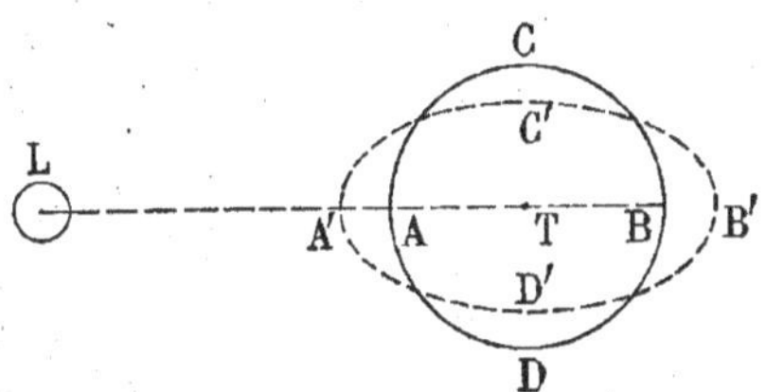

Fig. 51

Soient L la Lune et T la Terre supposée sphérique et recouverte d'une couche d'eau sur toute sa surface. La portion A étant plus près de la Lune que le centre de la Terre, va subir une attraction plus grande (118) ; la portion B, au contraire, subira une attraction plus petite. Sous ces deux actions, la couche d'eau entourant la Terre tendra à donner à celle-ci une forme allongée A'C'B'D'. Donc les eaux s'élèveront en A et B, et on dit qu'il y aura *flux* ou *marée haute* ; au contraire, elles s'abaisseront en C et D, et on dit qu'il y aura *reflux* ou *marée basse*. En résumé, il y a :

*Marée haute, au passage de la Lune au méridien supérieur
ou inférieur ;*

Marée basse, au lever et au coucher de la Lune.

Comme la durée du jour lunaire est de $24^h 51^m$, il s'ensuit qu'une marée basse est séparée de la marée haute suivante par un intervalle de temps égal à $\dfrac{24^h 51^m}{4}$ ou $6^h 12^m$.

Enfin, on doit ajouter que le Soleil, comme la Lune, agit sur les marées ; mais comme sa distance à la Terre est beaucoup plus grande, son action est beaucoup plus faible (118). C'est à l'époque des conjonctions et des oppositions, c'est-à-dire à la nouvelle lune et à la pleine lune, que les marées sont les plus fortes, parce qu'alors les deux actions du Soleil et de la Lune s'ajoutent.

95. Lumière. — La Lune nous éclaire pendant la nuit lorsque son hémisphère éclairé est tourné vers nous ; mais sa lumière est excessivement faible par rapport à celle du Soleil. Pour en donner une idée, il suffit de comparer les actions chimiques des deux lumières sur les plaques photographiques très sensibles ; tandis qu'il faut une dizaine de secondes pour que la lumière de la Lune impressionne la plaque, il suffit d'un temps inappréciable à la lumière diffuse du Soleil pour produire le même effet.

Si la lumière du Soleil est indispensable à la vie des végétaux, il n'en est pas de même de la faible lumière de la Lune. C'est donc à tort que les agriculteurs attribuent une influence quelconque à la *lune rousse* (lune du mois d'avril). A cette époque déjà avancée de la végétation, des gelées subites se produisent et *roussissent* les jeunes pousses. Doit-on attribuer ces gelées à l'influence de la Lune ? Certainement non, et il faut chercher ailleurs les explications de ce phénomène. Voici l'une des plus fondées: on a remarqué, en effet, que les gelées, lors de la lune rousse, ne se produisent que par un temps clair ; or, dans ces conditions, la Terre rayonne vers le ciel une grande partie de la chaleur qu'elle a reçue pendant le jour et, par suite, elle subit un refroidissement qui amène les gelées à sa surface. Au contraire, que le ciel vienne à se couvrir de nuages, le rayonnement cesse et il ne se produit pas de gelées. Les nuages seuls ont donc une influence sur la température ; mais comme il y a coïncidence entre l'apparition des nuages et la disparition de la Lune et *vice versa*, on a attribué à la lumière de la Lune les effets de gelée dus à une tout autre cause.

96. Chaleur. — La chaleur réfléchie par la Lune n'est pas suffisante pour arriver jusqu'à la Terre, car on a constaté qu'elle n'a aucun effet sur les thermomètres. Donc l'influence de la Lune sur les effets météorologiques terrestres doit être nulle, et c'est un préjugé d'attribuer les changements de temps aux diverses phases de la Lune. Mais comme, d'une part, dans nos régions tempérées, les successions de pluie et de beau temps sont fréquentes et que, d'autre part, les phases de la Lune se produisent tous les 7 jours environ, il y a beaucoup de chance pour que le changement de temps coïncide avec un changement de phase : d'où est né le préjugé dont on vient de parler.

Cependant on doit ajouter que, sur ce point, les statistiques ne sont pas d'accord, les unes tendant à nier l'influence des phases de la Lune sur les changements de temps, les autres tendant à la mettre en évidence (Rapport de l'Académie des sciences, 1894).

LIVRE V

ÉCLIPSES

---

97. Définitions. — 1° *Il y a éclipse de Lune quand la Terre éclairée par le Soleil porte ombre sur la Lune ;*

2° *Il y a éclipse de Soleil quand la Lune s'interposant entre la Terre et le Soleil empêche les rayons solaires d'arriver à la Terre.*

Il est facile de voir quand et comment ces phénomènes peuvent avoir lieu. Supposons, pour plus de simplicité, que l'orbite lunaire soit confondue avec le plan de l'écliptique et considérons le Soleil et la Lune en opposition, en S et L (*fig.* 52). Alors la Terre T arrêtant les rayons solaires portera ombre sur la Lune ; il y aura donc *éclipse de Lune.* Supposons maintenant le Soleil et la Lune en conjonction, en S et L′ ; cette fois, c'est la Lune qui interceptera les rayons solaires et empêchera les habi-

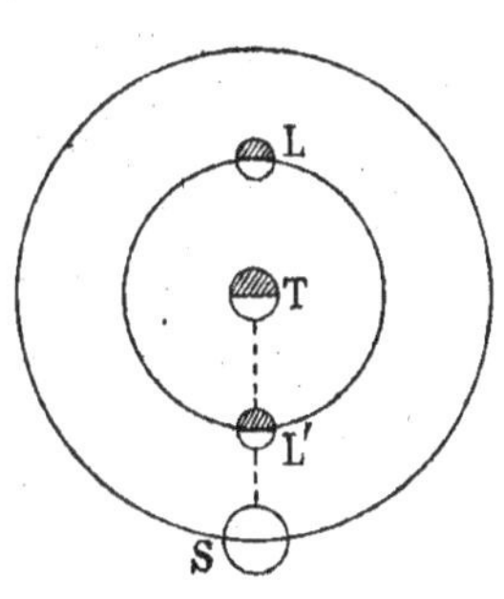

Fig. 52

tants de la Terre d'apercevoir le Soleil ; il y aura donc *éclipse de Soleil.*

Remarquons qu'il n'y a pas éclipse toutes les fois qu'il y a conjonction ou opposition, car, en réalité, le plan de l'orbite lunaire fait un angle de 5° avec le plan de l'écliptique. Ainsi, en supposant la Lune et le Soleil en conjonction dans les positions L et S (*fig.* 53), il n'y aura pas d'éclipse. Il ne peut y avoir éclipse que lorsque la Terre, le Soleil et la Lune sont à peu près en *ligne droite*, c'est-à-dire lorsque la Lune et le Soleil

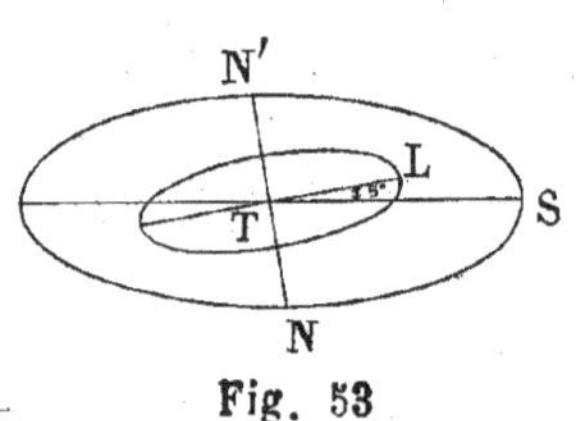

Fig. 53

sont *en même temps* suffisamment près de la ligne des nœuds NTN' (*fig.* 53). Si les deux orbites lunaire et solaire avaient leurs plans confondus, comme on l'a supposé (*fig.* 52), il y aurait deux éclipses par lunaison (29 jours 12 heures), l'une de Soleil et l'autre de Lune.

On va étudier successivement les éclipses de Lune et celles de Soleil.

CHAPITRE I

ÉCLIPSES DE LUNE

---

98. Définitions. — Soient (*fig.* 54) S le Soleil et T la Terre ; l'ombre portée par la Terre est le *cône d'ombre* COD. Il y aura donc éclipse si la Lune pénètre en tout ou en partie dans

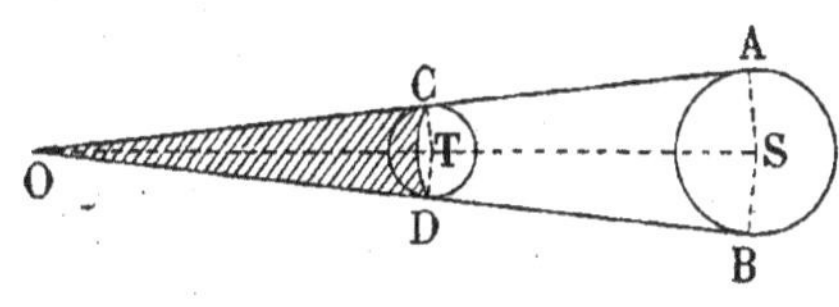

Fig. 54

ce cône. L'éclipse sera *totale* quand la Lune pénétrera tout entière dans le cône d'ombre ; elle sera *partielle* si elle n'y pénètre qu'en partie.

99. Conditions de possibilité d'une éclipse partielle. — On a déjà vu qu'une éclipse de Lune ne pouvait avoir lieu qu'au moment d'une opposition du Soleil et de la Lune. Mais cette condition n'est pas suffisante ; pour qu'il y ait éclipse partielle, il faut encore : 1° que la distance 60 R (R étant le rayon de la Terre) de la Lune à la Terre soit inférieure à la longueur TO du cône d'ombre ; 2° qu'à une opposition la Lune soit suffisamment près de la ligne des nœuds.

1° Calculons la longueur TO. Les triangles rectangles semblables OTC et OSA (*fig.* 54) donnent la proportion

$$\frac{OT}{OS} = \frac{TC}{SA} \qquad \text{ou} \qquad \frac{OT}{OT + TS} = \frac{TC}{SA}.$$

En retranchant les numérateurs des dénominateurs, on a

$$\frac{OT}{TS} = \frac{TC}{SA - TC}, \qquad \text{d'où} \qquad OT = \frac{TS \times TC}{SA - TC}.$$

Or on connaît les longueurs $\quad$ TC = R, $\quad$ TS = 23\,280 R et $\quad$ SA = 108 R ; $\quad$ on aura donc

$$OT = \frac{23\,280\,R \times R}{(108 - 1)\,R}, \quad \text{d'où} \quad OT = \frac{23\,280}{107}\,R = 215\,R \text{ environ.}$$

Comme la longueur OT est supérieure à la distance 60 R de la Lune à la Terre, la première condition est toujours remplie.

2° La seconde condition ne sera évidemment pas remplie à chaque opposition, mais on conçoit qu'elle le sera pour certaines oppositions. Des tables donnant les époques des pleines lunes et aussi les latitudes de la Lune pour chaque jour, permettent de prédire les éclipses.

En résumé, pour qu'il y ait éclipse partielle de Lune, il faut : 1° *qu'il y ait opposition de Lune et de Soleil, c'est-à-dire pleine lune; 2° que la Lune se rapproche suffisamment de la ligne des nœuds.*

100. Conditions de possibilité d'une éclipse totale. — Pour qu'il puisse y avoir éclipse totale, outre les conditions précédentes, il faut encore que la Lune puisse pénétrer tout entière dans le cône d'ombre.

Décrivons dans le plan de la figure l'orbite lunaire qui

rencontre le cône d'ombre en **E** et **F** (*fig.* 55). On trouve par le calcul que

$$\widehat{ETF} > \text{le diamètre apparent de la Lune.}$$

On en conclut que l'éclipse totale est possible.

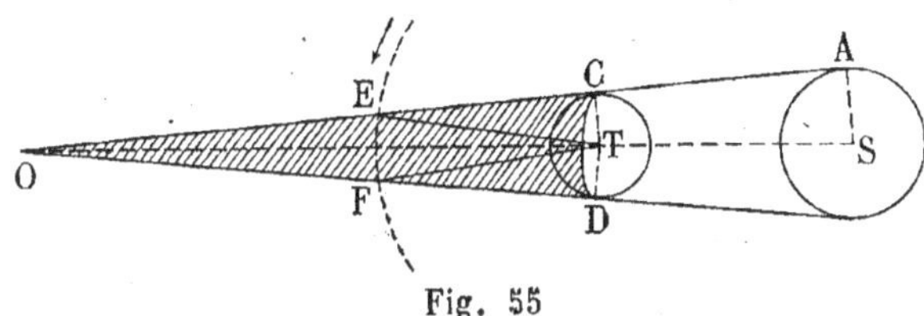

Fig. 55

101. Pénombre. — Tous les points situés à l'intérieur du cône d'ombre ne reçoivent aucun rayon solaire, mais en dehors du cône il existe des points qui ne sont éclairés que par une portion du Soleil. Considérons, en effet, le

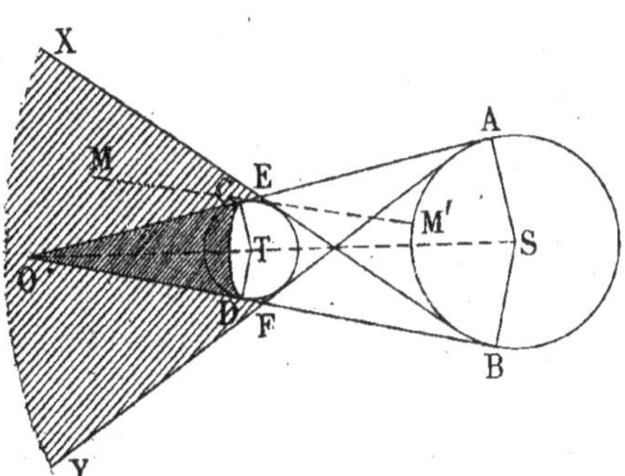

Fig. 56

cône formé par les tangentes communes intérieures à la Terre et au Soleil (*fig.* 56). Tout l'espace OEX et OFY compris entre les deux cônes ne reçoit qu'une partie des rayons solaires ; par exemple le point **M** n'est éclairé que par la portion M'A du Soleil. L'espace ainsi considéré s'appelle *pénombre*.

Lorsque la Lune entre dans la pénombre, son éclat s'affaiblit progressivement à mesure qu'elle s'approche du cône d'ombre.

102. Phases d'une éclipse de Lune. — On appelle ainsi les différents phénomènes que l'on observe pendant une éclipse. Supposons que l'on fasse une section des cônes d'ombre et de pénombre par un plan mené, perpendiculai-

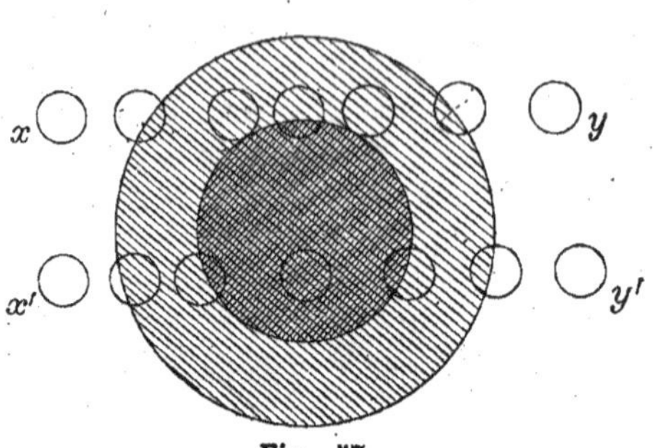

Fig. 57

rement à leur axe, à une distance de la Terre égale à sa distance à la Lune (*fig.* 57).

1° *Éclipse partielle.* — La Lune suivra le chemin xy. On observera d'abord un affaiblissement de l'éclat de la Lune ; puis, à son entrée dans le cône d'ombre, la Lune présentera une échancrure ; ensuite elle sortira de l'ombre pour rentrer dans la pénombre et son éclat ira en augmentant.

2° *Éclipse totale.* — La Lune suivra le chemin $x'y'$. On observera encore les mêmes phénomènes que précédemment, mais, en outre, il y aura éclipse totale.

La durée d'une éclipse de Lune est de 2^h au maximum et la durée des phases (ombre et pénombre) de 4^h au plus.

REMARQUE. — A un moment quelconque, la Lune est vue de la Terre par l'hémisphère qui est tourné vers elle ; s'il y a éclipse, c'est donc tout cet hémisphère qui la verra. On peut même dire qu'une éclipse de Lune est vue par plus d'un hémisphère, car pendant les phases de l'éclipse la Lune et le Soleil participent au mouvement diurne.

Enfin, ajoutons que même lors d'une éclipse totale, la Lune ne disparaît pas complètement, car les rayons solaires qui traversent l'atmosphère terrestre sont réfractés et éclairent le disque lunaire d'une faible lueur.

CHAPITRE II

ÉCLIPSES DE SOLEIL

103. Définitions. — Soient (*fig.* 58) S le Soleil, L la Lune et COD le cône d'ombre portée par la Lune. Il y aura éclipse de Soleil si la Terre peut pénétrer dans ce cône.

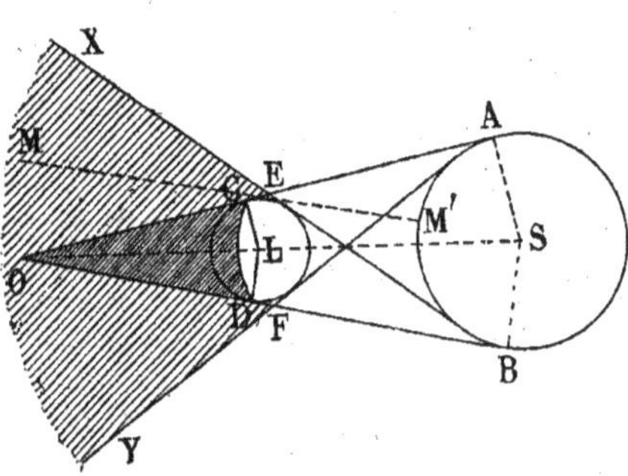

Fig. 58

Remarquons déjà que la Terre, étant plus grande que la Lune, ne pourra jamais pénétrer tout entière dans le cône d'ombre; il ne pourra donc pas y avoir éclipse totale de Soleil pour tous les points de la Terre en même temps. Mais aussitôt qu'un point de la Terre sera dans le cône d'ombre, il y aura *éclipse totale* pour ce point. Il y aura *éclipse partielle* pour les points de la Terre qui seront dans la pénombre, par exemple pour le point M, d'où l'on ne verra que la portion AM′ du Soleil.

104. Conditions de possibilité d'éclipse totale. — On a déjà vu qu'une éclipse de Soleil ne pouvait avoir lieu que lors d'une *conjonction* ou *nouvelle lune*. Mais cette condition n'est pas suffisante; pour qu'il y ait éclipse totale, il faut encore que : 1° la distance 60 R de la Lune à la Terre soit inférieure à la longueur OL du cône d'ombre; 2° lors d'une conjonction, la Lune soit suffisamment près de la ligne des nœuds pour porter ombre sur la Terre.

1° Calculons la longueur OL. Les triangles semblables OLC et OSA (*fig.* 58) donnent la proportion

$$\frac{OL}{OL+LS} = \frac{LC}{SA},$$

d'où
$$\frac{OL}{LS} = \frac{LC}{SA-LC} \quad \text{et} \quad OL = \frac{LS \times LC}{SA-LC}.$$

En remplaçant les longueurs par leurs valeurs, on a

$$OL = \frac{(23\,280\,R - 60\,R) \times 0{,}27\,R}{(108 - 0{,}27)\,R} = 58\,R \text{ environ.}$$

Comme la longueur OL est inférieure à la distance 60 R de la Lune à la Terre, il semblerait qu'une éclipse totale fût impossible. Mais la distance 60 R n'est qu'une valeur moyenne; en réalité cette distance peut varier entre 57 R et 64 R. En prenant ces limites, on trouve que la longueur OL doit varier entre 57 R et 59 R et on en conclut qu'il peut y avoir éclipse totale de Soleil.

2° La seconde condition n'est évidemment pas vérifiée à chaque conjonction ou nouvelle lune, mais on conçoit qu'elle le sera pour certaines conjonctions.

En résumé, *trois conditions sont nécessaires pour qu'il y ait éclipse totale de Soleil : 1° conjonction ou nouvelle*

*lune ; 2° la distance de la Lune à la Terre doit être infé-
rieure à la longueur du cône d'ombre ; 3° lors de la conjonction, la Lune doit se rapprocher suffisamment de la
ligne des nœuds.*

105. Conditions de possibilité d'une éclipse partielle. —
Deux conditions sont nécessaires pour qu'il y ait éclipse
partielle de Soleil : *1° il doit y avoir conjonction ou nouvelle lune ; 2° lors de la conjonction, la Lune doit se rapprocher suffisamment de la ligne des nœuds pour que la
Terre entre dans la pénombre.*

Phases d'une éclipse totale. — Quand il doit y avoir
éclipse totale pour un point de la Terre, il s'y produit
d'abord une éclipse partielle ; la portion visible du Soleil
disparaît progressivement jusqu'à ce que le disque solaire
soit complètement invisible.

REMARQUE. — Comme la largeur de l'ombre portée sur
la Terre est relativement très petite, il s'ensuit qu'à un
même instant il n'y a éclipse de Soleil que pour une très
petite portion de la Terre. Mais à cause du double mouvement diurne du Soleil et de la Lune, l'ombre se pro-
mène sur la Terre et peut décrire une longue trajectoire.
Pour tous les points situés sur cette trajectoire, il y aura
successivement éclipse de Soleil.

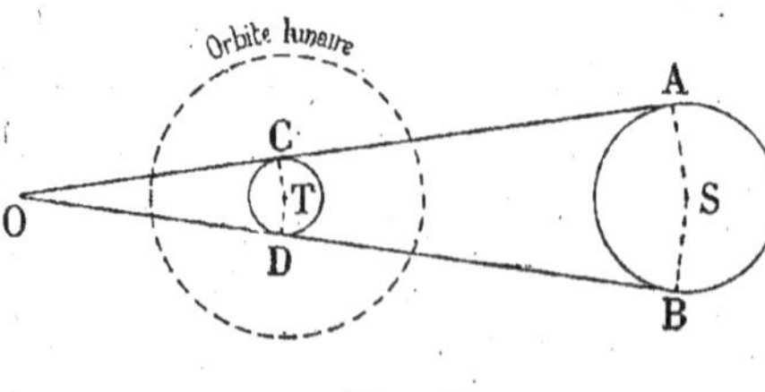

Fig. 59

**106. Nombre des
éclipses de Lune et
de Soleil.** — Les éclip-
ses de Soleil sont plus
fréquentes que les
éclipses de Lune : sur
70 éclipses que l'on

observe tous les 18 ans, il y en a 41 de Soleil et 29 de Lune.

Il est aisé de se rendre compte de cette différence. En effet, soient (*fig.* 59) S le Soleil et T la Terre; décrivons l'orbite lunaire. Pour qu'il y ait éclipse de Lune, il faut que la Lune pénètre dans la portion COD du cône d'ombre, et pour qu'il y ait éclipse de Soleil, il faut qu'elle pénètre dans la portion ACDB. Comme cette dernière est plus grande que la première, il devra y avoir davantage d'éclipses de Soleil.

Mais le nombre des éclipses de Lune visibles en un point de la Terre, à Paris par exemple, est supérieur au nombre des éclipses de Soleil visibles du même point. Cela provient de ce que les éclipses de Soleil ne sont visibles que pour une portion relativement petite de la Terre, tandis que celles de Lune sont visibles pour tout un hémisphère au moins.

107. Éclipse annulaire. — L'éclipse partielle de Soleil

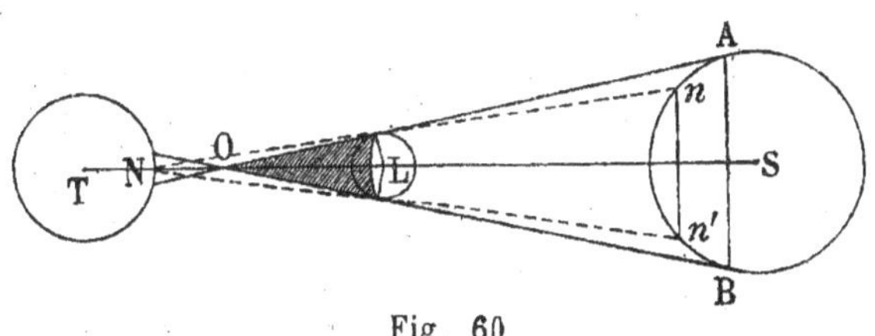

Fig. 60

est dite *annulaire* pour les points de la Terre situés sur le prolongement du cône d'ombre. Le Soleil, vu de ces points, paraît comme un anneau brillant. Ainsi, du point N (*fig.* 60) on ne verrait que la portion ABn'n du Soleil.

LIVRE VI

SYSTÈME SOLAIRE : PLANÈTES

CHAPITRE I

DES PLANÈTES

---

108. Définitions. — Le système solaire est formé par
l'ensemble du *Soleil* et des *planètes*, le Soleil en occupant
en quelque sorte le centre.

Les planètes (πλάνη, course vagabonde) sont des astres
non lumineux par eux-mêmes, mais éclairés par le Soleil
comme la Terre et la Lune. Les unes paraissent très brill-
lantes comme les plus belles étoiles, les autres ne sont
visibles qu'avec des lunettes. Au premier aspect, on pour-
rait les confondre avec les étoiles, mais cependant elles
s'en distinguent par les caractères suivants :

1° Toutes les planètes, outre le mouvement diurne, ont
un *mouvement propre* comme le Soleil et la Lune et se
déplacent dans le ciel d'un *mouvement très irrégulier*,
tandis que les étoiles ne participent qu'au mouvement
diurne et conservent leurs distances angulaires ;

2° Les planètes vues avec des lunettes *grossissent* avec la puissance de la lunette ; les étoiles, au contraire, sont toujours vues comme de simples points lumineux ;

3° Les planètes sont dépourvues de *scintillation*, cette sorte de mouvement dont la lumière des étoiles paraît douée.

109. Satellites. — On appelle *satellites* des astres secondaires qui tournent autour des planètes, et qui sont, par rapport à celles-ci, ce que les planètes sont par rapport au Soleil. La Lune est un satellite de la Terre.

110. Planètes principales. — Elles sont au nombre de *huit* :

Inférieures			Supérieures				
Mercure	Vénus	la Terre	Mars	Jupiter	Saturne	Uranus	Neptune
0,38	0,72	1	1,5	5,2	9,5	19	30

Les six premières étaient connues des Anciens, qui plaçaient à tort le Soleil et la Lune parmi les planètes. Uranus a été découverte par Herschel en 1780 et Neptune par Le Verrier en 1846.

La Terre a un satellite qui est la Lune, Mars en a 2, Jupiter 5, Saturne 8, Uranus 4, et Neptune 1. Parmi ces satellites, la Lune seule est visible à l'œil nu.

111. Distances moyennes des planètes au Soleil. — En prenant comme unité de distance la distance de la Terre au Soleil, on trouve pour les distances des planètes au Soleil les nombres inscrits au n° 110 au-dessous du nom de chacune d'elles.

On appelle *planètes inférieures* celles dont les distances

au Soleil sont moindres que la distance de la Terre au Soleil ; les autres sont les planètes *supérieures*.

112. Planètes télescopiques(*).—On a découvert depuis
un siècle un très grand nombre de planètes télescopiques
(plus de 420) et ce nombre augmente toujours. Leurs distances au Soleil correspondent à peu près au nombre 2,8.

Le grand travail de la photographie du ciel (20) actuellement en cours d'exécution dans les principaux observa-
toires du globe a permis de découvrir de la façon la plus
simple beaucoup de planètes télescopiques. Les plaques
photographiques étant entraînées dans un mouvement
réglé de façon que, quelle que soit la durée de la pose, une
même étoile vienne toujours frapper la plaque au même
point, si un astre n'obéissant pas au mouvement diurne
se trouve dans le champ de l'appareil, il laissera une
traînée sur la plaque photographique : on a affaire à une
planète.

113. Règle mnémonique de Bode. — Un astronome
allemand, Bode, signala en 1780 une loi empirique assez
curieuse sur les distances des planètes au Soleil. Écrivons
les nombres suivants, qui se déduisent chacun du précé-
dent, à partir du second, en le multipliant par **2** :

   0   3   6   12   24   48   96   192   384

Ajoutons à chacun le nombre 4 :

   4   7   10   16   28   52   100   196   388

Enfin, divisons les nouveaux nombres obtenus par **10** ;

(*) Au mois d'août 1898, un astronome de Berlin a découvert une
petite planète dont la distance au Soleil, 1,45, est comprise entre
celles de la Terre et de Mars ; on l'a appelée *Eros*.

nous aurons :

$$0,4 \quad 0,7 \quad 1 \quad 1,6 \quad \mathbf{2,8} \quad 5,2 \quad 10 \quad 19,6 \quad 38,8.$$

Or, on voit que ces nombres représentent sensiblement les distances du Soleil aux sept premières planètes principales et aux planètes télescopiques. Mais la découverte de Neptune vint détruire l'importance donnée à la loi de Bode, car l'écart 8,8 entre la distance réelle et la distance donnée par la règle était trop grand. Cependant cette règle n'en conserve pas moins un certain intérêt au point de vue historique. En effet, lors de sa publication (1780), on ne connaissait pas de planètes télescopiques, et ce n'est qu'en 1801 que l'on découvrit la première de ces planètes, précisément à la distance indiquée par la règle de Bode.

114. Mouvement apparent des planètes. — L'observation montre que les planètes, dans leurs mouvements, sont toujours voisines de l'écliptique. Aussi les reconnait-on à ce qu'elles se déplacent parmi les constellations zodiacales.

Fig. 61

Dans ce mouvement, une planète, au lieu de décrire comme le Soleil et la Lune des courbes continues dans un sens déterminé, décrit une courbe irrégulière tantôt dans un sens, tantôt dans un autre, courbe assez semblable à celle que représente la figure 61. — Il est facile de se rendre compte de cette irrégularité au moyen du système de Copernic et des lois de Képler (122).

CHAPITRE II

SYSTÈMES DE PTOLÉMÉE ET DE COPERNIC
LOIS DE KÉPLER

Pour expliquer le mouvement diurne de tous les astres et les mouvements propres du Soleil, de la Lune et des planètes, deux systèmes ont été successivement adoptés : le *système de Ptolémée* ou *système des Anciens* et le *système de Copernic*, universellement admis aujourd'hui. Nous allons exposer en quelques mots en quoi consistent ces systèmes.

115. Système de Ptolémée (120 ap. J.-C.). — C'est le système que nous avons admis jusqu'alors dans ce cours : il suppose *la Terre immobile et tous les astres décrivant autour d'elle des cercles en* $24^{h.\,sid.}$, *le Soleil, la Lune et les planètes étant doués en outre d'un mouvement propre respectif*.

Ce système très simple en apparence rend parfaitement compte des phénomènes relatifs aux étoiles, au Soleil et à la Lune ; mais il n'explique pas aussi simplement les mouvements propres irréguliers des planètes.

116. Système de Copernic (1550). — Frappé de l'imperfection du système de Ptolémée, Copernic, reprenant d'ailleurs les idées de quelques philosophes de l'antiquité, admit le système suivant : 1° *les étoiles, et le Soleil en particulier, sont immobiles dans l'espace* (ces astres pouvant avoir des mouvements de rotation sur eux-mêmes, voir n° 79) ; 2° *les planètes, et la Terre en particulier, tournent autour du Soleil,* qui devient en quelque sorte le centre du monde solaire (la Terre tourne autour du Soleil en 365j $^1/_4$) ; 3° *les planètes ont en outre des mouvements de rotation sur elles-mêmes* (la Terre tourne en 24^h sur elle-même).

Nous verrons dans le chapitre suivant comment le système de Copernic rend compte du mouvement diurne et du mouvement propre du Soleil, ces mouvements n'étant qu'apparents.

117. Lois de Képler (1620). — Copernic n'avait pas su déterminer la nature des orbites planétaires autour du Soleil ; c'est à Képler que revient l'honneur d'avoir découvert les lois qui régissent les mouvements de ces astres. Elles sont au nombre de trois.

Première loi. — *Les planètes décrivent autour du Soleil, dans le sens direct, des ellipses dont le Soleil occupe l'un des foyers.* — Les plans de toutes ces ellipses sont sensiblement confondus avec le plan de l'écliptique et l'on trouve les planètes dans les constellations zodiacales.

Deuxième loi. — *Les aires décrites par la droite qui joint le Soleil à une planète (rayon vecteur) sont proportionnelles au temps mis à les décrire,* autrement dit, les aires décrites par le rayon vecteur en des temps égaux sont égales.

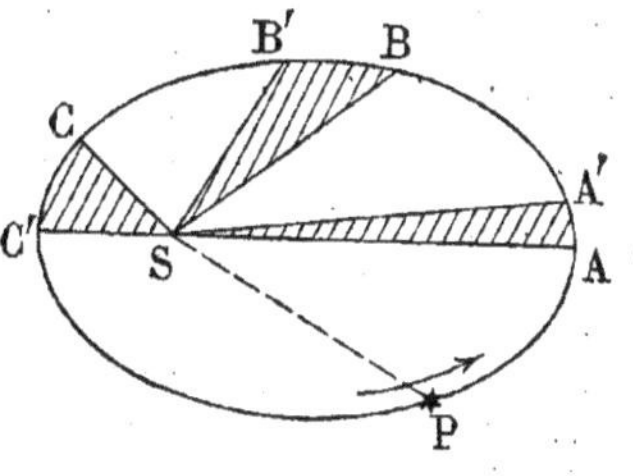

Fig. 62

Ainsi, considérons une ellipse décrite par l'une des planètes, P, le soleil S occupant l'un des foyers, et soient (*fig.* 62) ASA′, BSB′ et CSC′ trois secteurs décrits par le rayon vecteur SP en des *temps égaux*. D'après la seconde loi de Képler, on a

$$\text{aire } ASA' = \text{aire } BSB' = \text{aire } CSC'.$$

On en déduit pour les angles correspondants les iné-galités

$$\widehat{ASA'} < \widehat{BSB'} < \widehat{CSC'}.$$

Troisième loi. — *Les carrés des temps que mettent les planètes à décrire leurs orbites sont proportionnels aux cubes des grands axes des ellipses* $\left(\dfrac{t^2}{t'^2} = \dfrac{d^3}{d'^3} \right)$.

Ces lois s'appliquent également aux mouvements des satellites autour de leurs planètes et aux mouvements des étoiles doubles de première espèce (17).

118. Loi de Newton. — Toutes ces lois se déduisent facilement, au moyen des principes de la Mécanique, de la grande loi sur l'*attraction universelle*. Cette loi, décou-verte en 1700 par Newton, illustre savant anglais, s'énonce ainsi :

Les corps s'attirent en raison directe de leurs masses et en raison inverse du carré de leur distance.

Non seulement la loi de Newton conduit aux lois de Képler, mais encore elle intervient dans une foule de phénomènes physiques, mécaniques et astronomiques, par exemple dans les perturbations des mouvements des planètes et des comètes.

CHAPITRE III

MOUVEMENTS DE ROTATION ET DE TRANSLATION DE LA TERRE

Pour expliquer le *mouvement diurne des astres* en 24^h. sid. et le *mouvement propre du Soleil* en 365^j $^1/_4$, Copernic, d'après son système, admit :

1° *La rotation de la Terre sur elle-même en sens inverse du mouvement diurne, c'est-à-dire dans le sens direct, en* 24^h. sid. ; ce mouvement remplace le mouvement diurne ;

2° *Un mouvement de translation de la Terre autour du Soleil, ce mouvement s'effectuant en* 365^j $^1/_4$ *dans le sens direct sur une courbe égale à celle que le Soleil semble décrire ;* cette translation remplace le mouvement annuel du Soleil.

Il s'agit maintenant de justifier ces deux hypothèses.

119. Rotation. — Nous avons expliqué (Livre I, chap. III) comment les étoiles *paraissaient* tourner autour d'un axe ; mais ce mouvement n'est-il pas *apparent*, autrement dit, est-ce que les étoiles ne sont pas immobiles et la Terre ne tourne-t-elle pas autour d'un axe passant par son centre, ce mouvement étant inverse du mouvement diurne, c'est-à-dire s'effectuant de l'Ouest à l'Est? Un exemple nous fera comprendre l'idée de mouvement apparent.

Tournons rapidement sur nous-même de l'*Ouest* à l'*Est* : dans notre mouvement *réel*, il nous semblera que les objets qui nous entourent tournent de l'*Est* à l'*Ouest* dans un mouvement *apparent*. De même le mouvement de la sphère céleste est apparent, et c'est la Terre qui tourne réellement. Voici les raisons qui le prouvent :

1° La Terre est isolée dans l'espace, donc rien ne s'oppose à un mouvement de rotation sur elle-même.

2° Il est peu rationnel d'admettre que toutes les étoiles, qui sont infiniment plus grosses que la Terre, tournent autour de celle-ci ; l'hypothèse de la rotation de la Terre sur elle-même est beaucoup plus admissible. D'ailleurs les étoiles, accomplissant leurs révolutions en $24^{\text{h. sid.}}$, auraient des vitesses énormes qui produiraient certainement des troubles dans l'harmonie parfaite de l'Univers.

3° On admet généralement que la Terre, à l'origine des temps, était une masse fluide en feu, et l'on démontre par l'expérience (56) et par le calcul que tout corps fluide qui tourne autour d'un axe s'aplatit aux pôles. Or, précisément la Terre est aplatie aux pôles, et l'on est alors en droit d'admettre qu'elle tourne autour de la ligne des pôles.

4° On constate que la Lune et les planètes, avec lesquelles la Terre a beaucoup de ressemblance, tournent sur elles-mêmes ; la Terre ne saurait faire exception.

5° Enfin, voici une expérience célèbre de Foucault, faite au Panthéon (1851) au moyen d'un pendule, expérience qui rend pour ainsi dire palpable la rotation de la Terre. Cette expérience est facile à réaliser.

On constate d'abord qu'en prenant à la main un fil à plomb servant de pendule, et en le faisant osciller, *il oscillera toujours dans le même plan vertical, même si on vient à faire tourner entre les doigts le fil de suspension.* Autrement dit, la torsion du fil n'a aucune influence sur la direction du plan d'oscillation du pendule.

Ceci posé et pour plus de simplicité, supposons un pendule placé au pôle nord. Si la Terre était immobile, le plan d'oscillation serait toujours le même par rapport à des repères *pris sur la Terre.* Au contraire, si celle-ci tourne autour de l'axe des pôles de l'Ouest à l'Est, le plan d'oscillation restant invariable d'après l'expérience du fil à plomb, un méridien quelconque PMP′

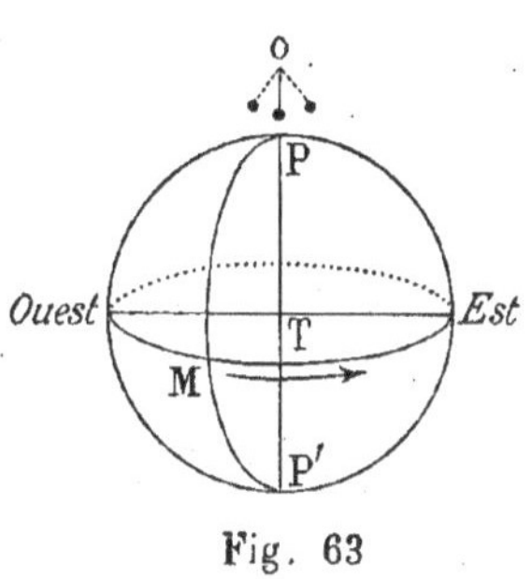

Fig. 63

(*fig.* 63) prendra en $24^{h.\ sid.}$ toutes les positions par rapport au plan d'oscillation. Il semblera à nos yeux que c'est le plan d'oscillation qui change en se déplaçant de l'Est à l'Ouest, mais c'est là un mouvement purement apparent.

Foucault, dans son expérience, mettait le point de suspension de son pendule au sommet de la coupole du Panthéon et il fixait à l'extrémité inférieure une aiguille qui effleurait légèrement un tas de sable placé au-dessous. Il constata que le tas de sable était balayé en tous les sens, non plus en $24^{h.\ sid.}$, mais en 32^{h}, et cela à cause de la latitude de Paris.

Toutes ces preuves et d'autres encore que nous ne pouvons exposer dans ce cours, démontrent suffisamment la légitimité de la première hypothèse de Copernic.

120. Translation. — D'abord on va démontrer que le mouvement de la Terre autour du Soleil donne lieu aux mêmes apparences que si le Soleil tournait autour de la Terre supposée immobile.

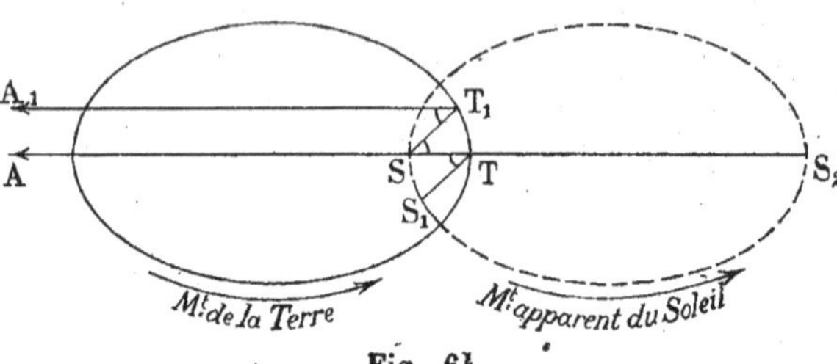

Fig. 64

En effet, supposons d'abord la Terre immobile en **T** (*fig.* 64). Nous avons vu que le Soleil *semble* décrire en un an dans le sens direct une ellipse dont la Terre occupe le foyer ; soit SS_2 cette ellipse. Maintenant, supposons, au contraire, le Soleil fixe en S et la Terre décrivant en un an dans le sens direct une ellipse égale à la précédente et dont le Soleil occupe l'un des foyers ; puis, voyons dans ce cas quelle est l'apparence du mouvement. Pour cela, nous allons comparer la position S du Soleil, qui est à *une distance finie*, à celle d'une étoile immobile située à *une distance infinie* en A sur la direction TS. Après un certain nombre entier de jours sidéraux, la Terre sera venue de la position T à la position T_1 ; l'étoile A sera toujours vue dans la même direction, c'est-à-dire dans la direction T_1A_1 parallèle à TA, et le Soleil dans la direction T_1S. Mais, inconscients du mouvement de translation de la Terre, il nous semblera que celle-ci est restée immobile en T et que c'est le Soleil qui s'est déplacé de S en S_1 en décrivant un angle STS_1 égal aux angles ST_1A_1 ou TST_1.

En résumé, le mouvement réel de translation de la Terre donne bien lieu aux apparences d'un mouvement de translation du Soleil.

Ceci posé, nous allons donner les preuves qui tendent à démontrer le mouvement de translation de la Terre.

1° La Terre étant isolée dans l'espace, rien ne s'oppose à un mouvement de translation.

2° Il est beaucoup plus rationnel d'admettre que la Terre tourne autour du Soleil, qui est un million de fois plus gros qu'elle.

3° Toutes les planètes tournent autour du Soleil en décrivant des ellipses dont le Soleil occupe l'un des foyers. La Terre étant identique aux planètes, ne saurait faire exception.

4° D'autres phénomènes, qui seraient inexplicables en supposant la Terre immobile dans l'espace, s'expliquent au contraire très facilement avec le mouvement de translation, tel est le mouvement apparent des planètes.

En résumé, la Terre a deux mouvements : l'un de rotation autour d'un axe P′P (*fig.* 65) passant par son centre, ce mouvement s'effectuant en 24 heures sidérales ; l'autre de translation le long d'une ellipse, ce mouvement s'effectuant en 365 jours ¹/₄ et obéissant aux lois de Képler.

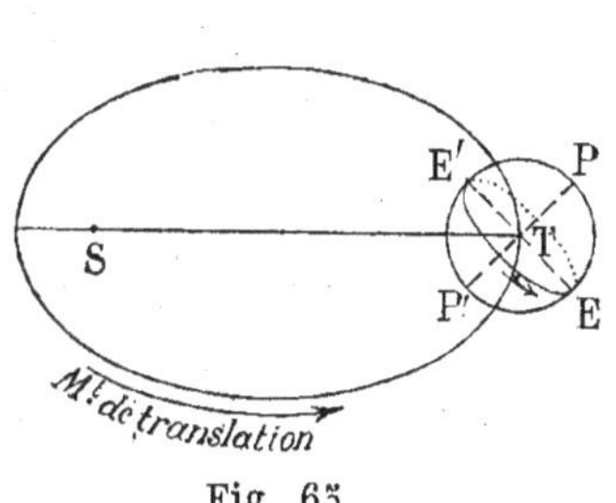

Fig. 65

La vitesse de translation de la Terre est environ de 30 kilomètres par seconde ou 108 000 kilomètres par heure.

CHAPITRE IV

MOUVEMENTS APPARENTS DES PLANÈTES

121. Hypothèses et définitions.— Comme, d'une part, les orbites planétaires sont sensiblement confondues avec le plan de l'écliptique et que, d'autre part, les ellipses sont peu aplaties, pour plus de simplicité on supposera les orbites situées dans le plan même de l'écliptique et réduites à des cercles dont le Soleil occupera le centre.

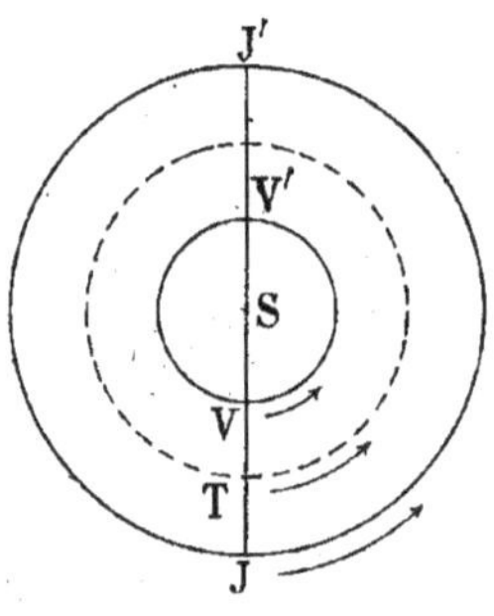

Fig. 66

Ceci posé, on dira, comme pour la Lune : 1° une planète est en *conjonction* quand elle a même longitude que le Soleil ; 2° une planète est en *opposition* quand sa longitude diffère de 180° de celle du Soleil.

Une planète inférieure telle que Vénus n'a pas d'opposition et a deux conjonctions différentes, l'une V *intérieure* et l'autre V′ *extérieure* ; une planète supérieure telle que Jupiter a une conjonction en J′ et une opposition en J (*fig.* 66).

122. Explication du mouvement apparent des planètes. — Nous avons vu (114) que le mouvement apparent des planètes était très irrégulier. Il est facile de se rendre compte de ce mouvement en admettant le système de Copernic et les lois de Képler.

1° Planètes inférieures. — Soient (*fig.* 67) T la Terre, S le Soleil et V une planète inférieure en conjonction intérieure, et supposons que la Terre et la planète décrivent des cercles autour du Soleil dans le sens direct. D'après la troisième loi de Képler $\left(\dfrac{t^2}{t'^2} = \dfrac{d^3}{d'^3} \right)$, le rayon de l'orbite terrestre étant plus grand que celui de l'orbite planétaire, la révolution sidérale de la planète sera de moindre durée que celle de la Terre.

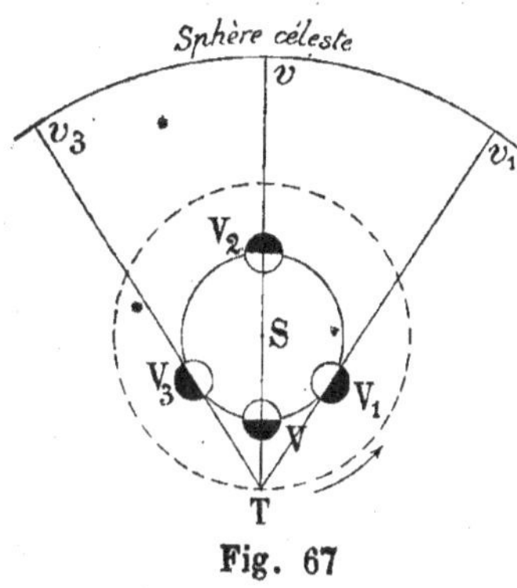

Fig. 67

Ceci posé, imprimons à tout le système une vitesse égale et contraire à celle de la Terre. Alors celle-ci restera immobile en T et la planète décrira son orbite dans le sens direct avec une vitesse égale à la différence de sa vitesse et de celle de la Terre.

Donc la planète se déplaçant de V en V_1, il semblera qu'elle se déplace sur la sphère céleste de v en v_1 dans le sens *rétrograde* ; décrivant l'arc $V_1V_2V_3$, elle semblera décrire dans le ciel la courbe v_1vv_3 dans le sens *direct* ; enfin, en allant de V_3 à V, elle semblera dans la sphère céleste décrire l'arc v_3v dans le sens *rétrograde*.

Donc la planète semble prendre un mouvement d'oscillation dans le ciel de part et d'autre du Soleil. Mais en supposant la Terre immobile, le Soleil prend un mouvement propre annuel, et il s'ensuit que la planète inférieure l'accompagnera et fera avec lui le tour du ciel en un an, tout en conservant son mouvement oscillatoire.

2° Planètes supérieures. — Soient (*fig.* 68) T la Terre, S le Soleil et J une planète supérieure à sa conjonction.

En vertu de la troisième loi de Képler, la révolution sidérale de la Terre sera de moindre durée que celle de la planète.

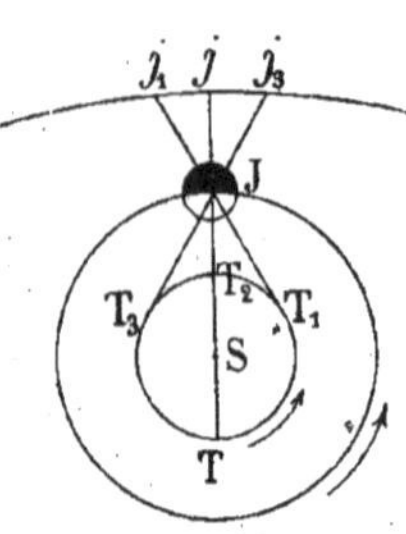

Fig. 68

Imprimons cette fois à tout le système une vitesse égale et contraire à celle de la planète, de manière que celle-ci reste immobile en J. La Terre tournera autour du Soleil avec une vitesse égale à la différence des deux vitesses primitives et dans le sens direct.

Ceci posé, la Terre étant en T, on voit la planète J en j sur la sphère céleste ; la Terre étant en T_1, la planète sera vue en j_1 ; donc, quand la Terre se déplace de T en T_1, il semble que la planète s'est déplacée de j en j_1, dans le sens *direct*. La Terre décrivant l'arc $T_1T_2T_3$, la planète semblera décrire dans le ciel la courbe $j_1 j_3$ dans le sens *rétrograde*. Enfin, la Terre allant de T_3 en T, la planète sera vue allant de j_3 en j, dans le sens *direct*. On observe donc le même mouvement d'oscillation que dans le premier cas.

123. Phases. — 1° Les planètes inférieures présentent les mêmes phases que la Lune, mais les durées des quatre phases ne sont pas égales (*fig.* 67.)

2° Les planètes supérieures sont toujours visibles (*fig.* 68).

CHAPITRE V

DÉTAILS SUCCINCTS SUR LES PLANÈTES

———

124. Mercure. — *Distance au Soleil 0,4.* — Cette planète étant relativement très rapprochée du Soleil, la clarté de celui-ci empêche de la voir à l'œil nu ; la chaleur doit y être 7 fois plus intense que sur la Terre. Elle est 20 fois plus petite que la Terre, tourne sur elle-même en 88 jours et autour du Soleil en 88 jours également ; cette planète est donc, par rapport au Soleil, ce que la Lune est à la Terre (91) : elle lui présente toujours la même face.

125. Vénus. — *Distance au Soleil 0,7.* — Quand cette planète n'est pas trop rapprochée du Soleil, elle est plus brillante que toutes les étoiles et toutes les autres planètes ; elle devient même quelquefois visible en plein jour. Elle est connue vulgairement sous le nom d'*étoile du berger, étoile du matin, étoile du soir.* Elle est sensiblement aussi grosse que la Terre, tourne sur elle-même en 225 jours et autour du Soleil en 225 jours également.

Les passages de Vénus sur le disque du Soleil donnent une méthode très précise pour mesurer la distance du Soleil à la Terre.

Vénus est entourée d'une atmosphère semblable à la nôtre ; sa surface est quelquefois masquée par des nuages de cette atmosphère. C'est donc une planète semblable à la Terre.

126. La Terre. — *Distance au Soleil 1 ; un satellite.* — Notre planète a été décrite dans un chapitre spécial.

Nous allons maintenant parler des planètes supérieures·

127. Mars. — *Distance au Soleil 1,5 ; deux satellites.* — Cette planète est visible à l'œil nu et paraît comme une belle étoile *rougeâtre*. Elle est 7 fois plus petite que la Terre, tourne sur elle-même en $24^h 30^m$ environ et autour du Soleil en 687 jours.

Mars, qui est assez près de la Terre, a pu être observé avec soin. On a vu ses pôles briller d'une blancheur éclatante à certaines époques, puis cette blancheur disparaître peu à peu. On a attribué ces phénomènes à l'apparition et à la disparition de la glace et de la neige comme pour la Terre. Il est certain aujourd'hui que Mars a une atmosphère, des mers et des canaux.

En 1877, un astronome américain a découvert ses deux satellites.

128. Planètes télescopiques. — Leurs diamètres varient de 30 à 400^{km} ; les plus petites ont une surface inférieure à celle de l'un de nos départements.

129. Jupiter. — *Distance au Soleil 5,2 ; cinq satellites.* — Jupiter est presque aussi brillant que Vénus. C'est la plus grosse des planètes. Il est 1400 fois plus gros que la Terre, tourne sur lui-même en 10 heures environ et autour du Soleil en 12 ans. A cause de sa rotation rapide, il a un aplatissement facile à observer. Il est entouré d'une atmosphère.

L'invention du télescope par Galilée lui fit bientôt découvrir les quatre principaux satellites de Jupiter (1610). Le mouvement de translation de ces satellites autour de Jupiter donna une des meilleures preuves à l'appui du système de Copernic, que l'on refusait encore d'adopter.

Le cinquième satellite, qui est extrêmement petit, a été découvert récemment.

130. Saturne. — *Distance au Soleil 9,5 ; son anneau.* — Cet astre apparaît comme une étoile de première grandeur. C'est la plus grosse des planètes après Jupiter ; il tourne sur lui-même en 10 heures environ et autour du

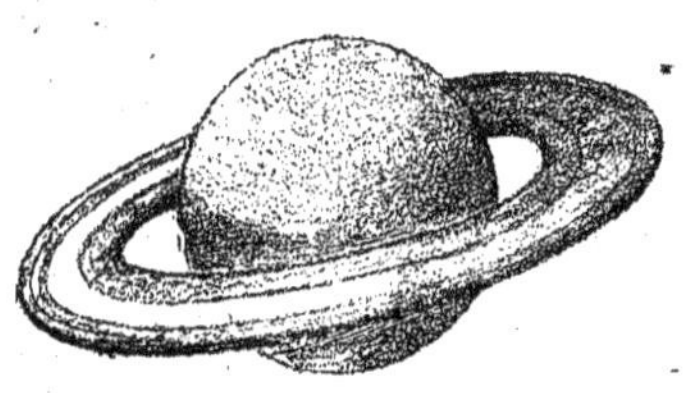

Fig. 69

Soleil en 29 ans ; son aplatissement est encore plus grand que celui de Jupiter.

Saturne a *neuf satellites.* Ce qui le distingue des autres planètes, c'est l'anneau ou plutôt les trois anneaux qui l'entourent (*fig.* 69). Galilée, qui l'aperçut pour la première fois, crut que la planète était triple ; il la voyait en effet comme munie de deux anses diamétralement opposées. Ce fut Huyghens (vers 1650) qui démontra l'existence d'un anneau entourant Saturne. Cet anneau est opaque et situé dans le plan de l'équateur de la planète ; on suppose qu'il est formé d'une multitude de petits satellites très rapprochés, formant ainsi autour de Saturne une bande assez semblable à celle des planètes télescopiques autour du Soleil.

131. Uranus. — *Distance au Soleil 19,1 ; quatre satellites..* — Découverte par Herschel (1780), cette planète apparaît comme une étoile de sixième grandeur ; elle est donc rarement visible à l'œil nu, et pourtant elle est **70** fois plus grosse que la Terre. La durée de son mouvement de translation autour du Soleil est de 84 ans environ.

132. Neptune. — *Distance au Soleil 30 ; un satellite.* — De toutes les planètes, c'est la plus éloignée du Soleil ; invisible à l'œil nu, elle apparaît dans les lunettes comme une étoile de huitième grandeur. Elle est 60 fois plus grosse que la Terre et tourne autour du Soleil en 165 ans environ.

La découverte de Neptune (1846), due à l'astronome français Le Verrier, est l'une des plus belles qui aient couronné d'une façon éclatante la science précise et approfondie des savants modernes. Depuis la découverte d'Uranus, on avait trouvé dans son mouvement elliptique des perturbations que l'action des autres planètes ne pouvait suffire à expliquer ; c'était la seule planète qui échappait à toutes les prévisions des astronomes. Partant de cette idée que les perturbations éprouvées par Uranus ne pouvaient être dues qu'à une planète inconnue, Le Verrier se proposa de déterminer par le calcul sa masse et sa position. Après deux années de calculs, il détermina la position exacte dans le ciel de la planète inconnue ; mais il n'avait pas de lunette assez puissante pour l'apercevoir. Il écrivit à un astronome de Berlin qui, le jour même de la réception de la lettre de Le Verrier, braqua son puissant instrument dans la direction indiquée : Neptune était au bout.

133. Remarque. — D'après les détails précédents sur les planètes, on peut voir que leurs durées de translation autour du Soleil (ou révolutions sidérales) augmentent avec leurs distances au Soleil. Ceci résulte directement de la troisième loi de Képler :

$$\frac{t^2}{t'^2} = \frac{d^3}{d'^3}.$$

Si, dans cette formule, on prend pour d' la distance de la Terre au Soleil, que l'on a toujours prise pour unité, la formule devient (en supposant que les orbites soient des cercles)

$$\frac{t^2}{365^2} = \frac{d^3}{1}.$$

Lorsque dans cette formule on se donne d, on a par là même t, et *vice versa*.

134. Origine du système solaire. — Avant de terminer ce chapitre, nous allons dire quelques mots sur la formation du monde solaire, d'après la théorie de Laplace (1800).

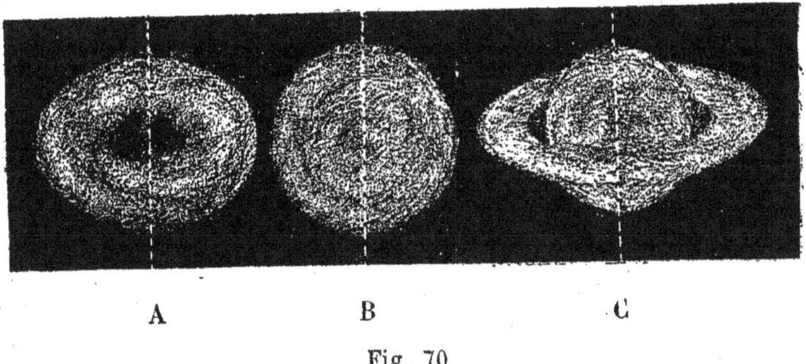

Fig. 70

Pour ce grand savant, le monde solaire n'était autrefois qu'une nébuleuse (18) portée à une très haute température, s'étendant au-delà des planètes les plus éloignées, ayant un noyau et tournant autour d'un axe passant par ce noyau. Cette nébuleuse se serait refroidie et condensée peu à peu autour de son noyau ; mais par suite de cette condensation, des couronnes de vapeur (*fig*. 70, A) se seraient détachées successivement dans le plan de l'équateur en conservant leurs mouvements de révolution autour de l'axe de la nébuleuse. Enfin l'attraction mutuelle des diverses parties de chaque couronne, aurait transformé celle-ci en une masse unique, une *planète*, animée d'un double mouvement, l'un de translation autour du noyau, l'autre de rotation sur elle-même (*fig*. 70, B). La masse principale de la nébuleuse qui subsista forma le *Soleil*.

L'une des couronnes précédentes n'a pu se condenser en un noyau unique, mais elle s'est condensée en une série de noyaux et a donné naissance aux *planètes télescopiques*.

Enfin certaines planètes, encore à l'état de vapeur, engendrèrent des *satellites*, comme la nébuleuse primitive avait engendré des planètes. L'anneau de Saturne serait en tout point semblable à l'anneau des planètes télescopiques (*fig*. 70, C).

Telle est, dans ses grandes lignes, la théorie cosmogonique de Laplace. Elle explique comment : 1° tous les mouvements de translation des planètes se font autour du Soleil, dans le même sens (sens direct) et à peu près dans le même plan (plan de l'écliptique); 2° tous les mouvements de translation des satellites ont lieu dans le même sens que ceux des planètes; 3° tous les mouvements de rotation du Soleil, des planètes et des satellites se font dans le même sens que celui du mouvement commun de translation. De plus, l'analyse spectrale nous montre que le Soleil et la Terre sont formés des mêmes éléments (80); d'après l'hypothèse de Laplace, il ne pouvait en être autrement. Enfin l'existence du feu intérieur de la Terre est encore une preuve à l'appui de la théorie exposée.

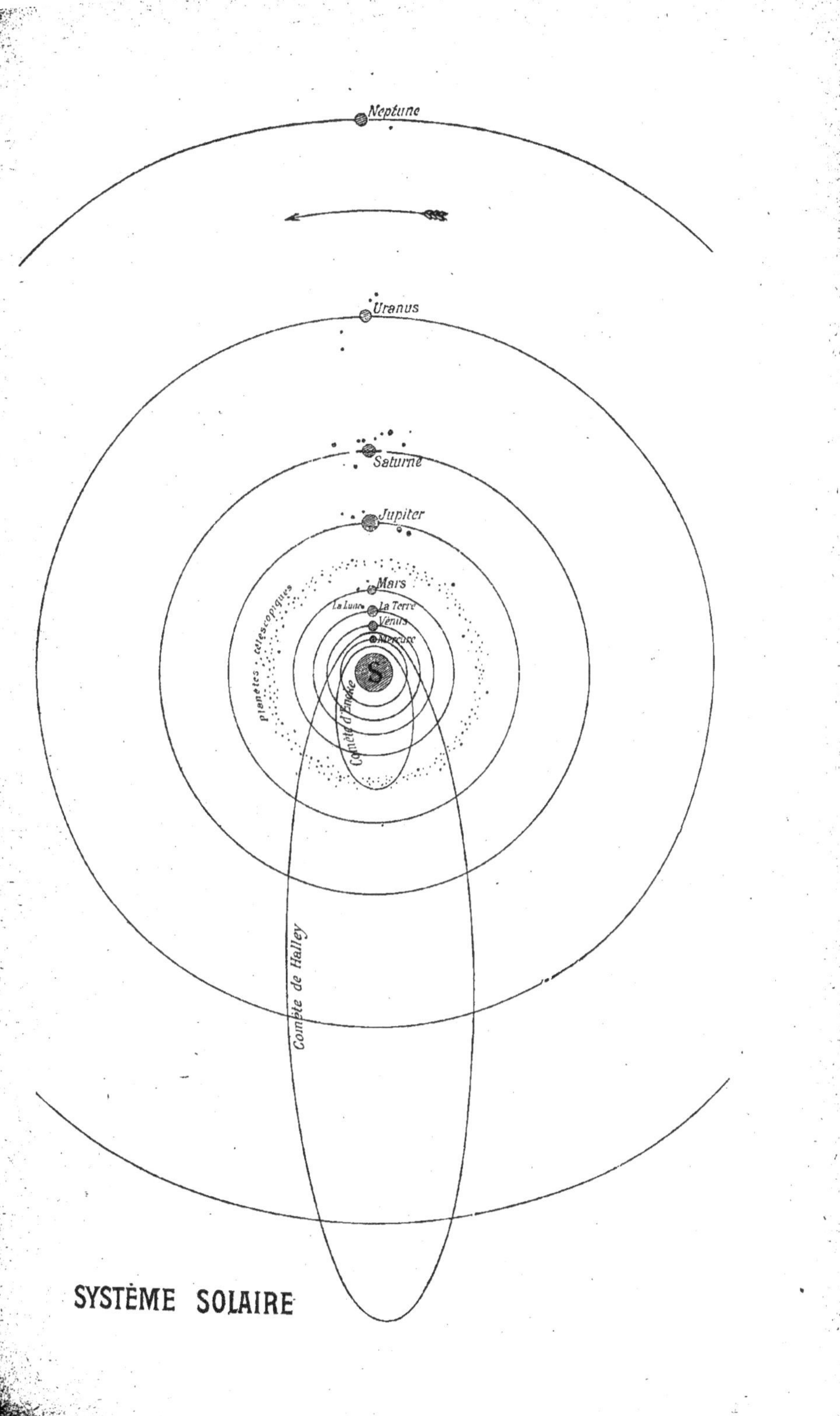

SYSTÈME SOLAIRE

LIVRE VII
COMÈTES. — ÉTOILES FILANTES

CHAPITRE I

COMÈTES

135. Définition. — Les *comètes* (κόμη, chevelure) sont des astres qui, de même que les planètes, ont un mouvement propre autour du Soleil ; mais elles diffèrent de celles-ci par leur *forme*, leur *orbite* et leur *nature*.

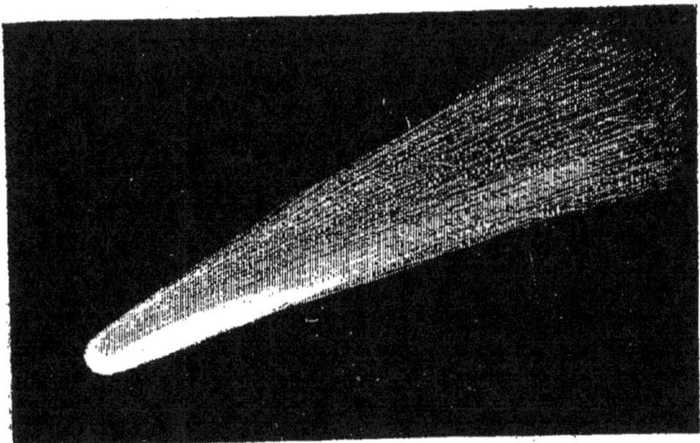

Fig. 71.

136. Forme des comètes. — En général, les comètes (*fig.* 71) se composent de trois parties : 1° le *noyau*, point

brillant qui ressemble à une étoile ; 2° la *chevelure* ou au-
réole lumineuse qui entoure le noyau ; 3° la *queue*, longue
traînée lumineuse toujours située du côté opposé au Soleil.
L'ensemble du noyau et de la chevelure forme la *tête* de la
comète.

Mais une comète peut ne posséder que l'une ou deux
des trois parties que nous venons de décrire. Ainsi quelques-unes n'ont ni noyau, ni chevelure ; d'autres ont plusieurs queues, etc.

La longueur d'une comète dépasse quelquefois 40 millions de lieues et correspond à une distance angulaire de 80°.

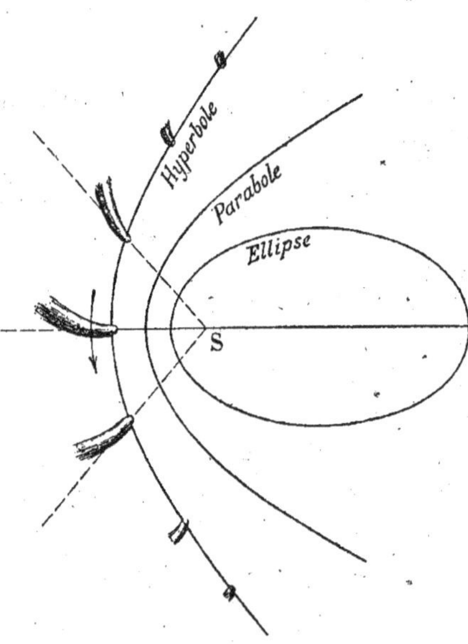

Fig. 72

137. Orbite des comètes. — La plupart des comètes décrivent autour du Soleil des ellipses très allongées ; d'autres décrivent des courbes non fermées, *paraboles* et *hyper-boles* (*fig.* 72). Celles qui décrivent des courbes de ces deux dernières sortes, après s'être approchées du Soleil, s'en éloignent pour ne plus jamais revenir, car les branches des courbes qu'elles parcourent ne se rejoignent pas. L'inclinaison des orbites sur le plan de l'écliptique varie de 0 à 90° ; les comètes diffèrent donc en cela des planètes, qui sont toutes voisines de l'écliptique.

Une des différences les plus sensibles entre les planètes et les comètes, c'est que sur 200 comètes connues, la moitié environ parcourent leurs orbites dans le sens *direct*, et l'autre moitié dans le sens *rétrograde*, tandis que toutes les planètes parcourent leurs orbites dans le sens *direct*.

Toutes les comètes obéissent dans leurs mouvements aux lois de Képler.

138. Nature des comètes. — Les comètes doivent être formées de matière gazeuse très peu condensée, puisqu'elles n'empêchent pas d'apercevoir des étoiles placées derrière elles. Le brouillard le plus léger est plus dense que la matière des comètes, car le brouillard affaiblit toujours les rayons lumineux. On en conclut que leur masse est excessivement faible et qu'il n'y a probablement rien à redouter de leur choc contre la Terre.

139. Aspects d'une comète : direction de la queue. — Les comètes ont une vitesse énorme, qui fait qu'on ne les aperçoit que pendant un certain nombre de jours. Pendant son apparition, une comète offre des aspects différents : en arrivant des profondeurs de l'espace, elle apparaît d'abord comme un noyau (*fig.* 72). A mesure qu'elle s'approche du Soleil, elle s'allonge, *le noyau étant tourné vers le Soleil et la queue étant opposée;* cette position est conforme à la loi de Newton (118), car le Soleil doit avoir une attraction plus grande sur le noyau que sur la queue. En s'éloignant du Soleil, la comète repasse par les mêmes phases, mais en sens inverse.

140. Comètes périodiques. — On appelle ainsi dès comètes qui, décrivant des *ellipses*, reparaissent *périodiquement* près du Soleil.

Sur plus de 200 comètes observées, il en est seulement une quinzaine dont on ait déterminé la période et dont le retour par suite peut être annoncé à l'avance. Donc la plupart des comètes ne sont pas périodiques et disparaissent pour toujours dans l'immensité de l'espace.

C'est Halley (1682) qui a étudié la première comète périodique. D'après ses calculs, cette comète avait une période de 75 à 76 ans et par suite devait être la même que celles observées en 1607 par Képler et en 1531 par Alpian ; il prédit même son prochain retour pour l'année 1758. Mais avant son apparition, Clairaut (1740), tenant compte des influences exercées par Jupiter et Saturne près desquels elle devait passer, annonça son retour pour le mois d'avril 1759, avec une erreur d'un mois en plus ou en moins. En effet, la comète de Halley fut aperçue de nouveau au mois de mars 1759. On l'a vue encore en 1835 et on la reverra en mai 1910.

Comme autres comètes périodiques remarquables, citons encore la comète d'Encke, dont la période est seulement de 3 ans 1/2 ; la comète de Faye, découverte en 1843, dont la période est de 7 ans 1/2 ; la comète de Biéla, découverte en 1826, dont la période était de 6 ans 3/5. D'après les calculs cette comète devait, à son retour en 1832, traverser l'orbite décrite par la Terre, et l'on craignit une rencontre des deux astres ; mais un calcul plus approfondi démontra que la comète rencontrerait l'orbite terrestre en un point où la Terre ne passerait qu'un mois après. Les observations vinrent encore confirmer les prévisions dues à la science. Treize ans après, en 1845, la même comète fut aperçue ; mais après quelques jours d'apparition, elle se dédoubla. En 1852, la comète apparut encore double, la distance de ses deux tronçons étant beaucoup plus grande qu'en 1845. Enfin en 1859 on fut très étonné de ne pas l'apercevoir ; depuis elle n'a pas reparu.

Cet exemple d'une comète double n'est pas le seul ; on connaît plusieurs comètes entourées d'autres plus petites.

CHAPITRE II

ÉTOILES FILANTES

---

141. Définition. — On donne le nom d'*étoiles filantes* à des points brillants qui apparaissent subitement dans le ciel, prennent un mouvement rapide et laissent derrière eux une longue traînée lumineuse qui s'éteint aussitôt.

Malgré leur nom, il ne faudrait pas confondre ces astres avec les étoiles, avec lesquelles ils n'ont rien de commun. Pour expliquer leurs apparitions, on admet qu'il existe dans l'espace des petits corps non lumineux qui tournent autour du Soleil avec une vitesse de 40^{km} environ à la seconde; quand ces corps viennent à rencontrer l'atmosphère terrestre, qui a 120 kilomètres au plus d'épaisseur, ils s'échauffent par le frottement et deviennent incandescents (expérience du briquet à air); ils peuvent même brûler complètement.

142. Pluie d'étoiles filantes. Points radiants. — On a constaté que c'est dans les nuits du 10 au 13 août et du 10 au 13 novembre que les étoiles filantes sont le plus nombreuses; elles forment à cette époque comme une sorte de pluie d'étoiles dont le nombre d'ailleurs varie avec les années. De plus on observe que celles du mois d'août émanent toutes de la constellation de *Persée*, et celles du mois de novembre de la constellation du *Lion* ; c'est pourquoi on les appelle respectivement les *Perséides* et les *Léonides*. Ces centres d'émanation d'étoiles filantes s'appellent *points radiants* ; on en connaît aujourd'hui un grand nombre.

Voici comment on explique l'origine de ces pluies d'étoiles.

On suppose qu'il existe dans l'espace des couronnes de corpuscules invisibles, les corps de chaque couronne décrivant des ellipses dont le Soleil occupe l'un des foyers.

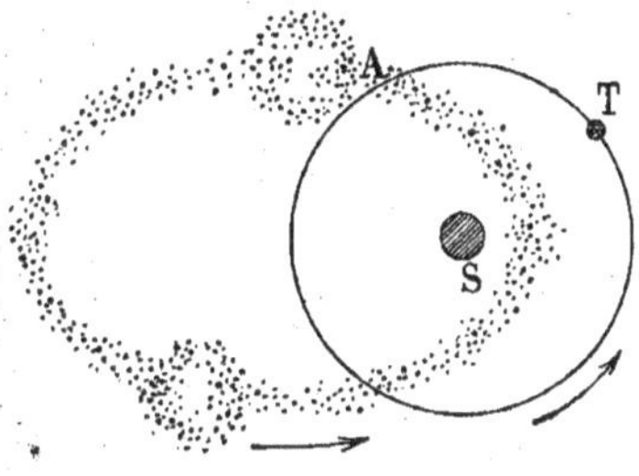

Fig. 73

Or quelques-unes de ces couronnes rencontrent l'orbite terrestre (*fig.* 73), et lorsque la Terre vient à les traverser, comme au point **A**, il se produit une averse d'étoiles filantes, ce phénomène ayant lieu à période fixe. Ainsi s'expliquent les pluies d'étoiles des mois d'août et novembre. D'ailleurs, les corpuscules distribués le long de la couronne sont plus ou moins serrés, et suivant les années les pluies sont plus ou moins abondantes.

143. Origine des étoiles filantes. — On est porté à croire aujourd'hui que les étoiles filantes ne sont que des fragments de comètes émiettées. En effet, en 1872, époque où aurait dû apparaître la comète de Biéla perdue depuis 1852, on aperçut, suivant la même ellipse que cette comète, un essaim d'étoiles filantes ; ces corpuscules devaient provenir de la comète de Biéla. Les ellipses que parcourent les Perséides et les Léonides sont aussi celles décrites par des comètes très petites.

144. Bolides. — Aérolithes. — Les *bolides* (βχλλω, lancer) et les *aérolithes* (ἀήρ, air ; λίθος, pierre) sont des étoiles filantes qui, dans leurs mouvements, viennent rencontrer la Terre avant d'avoir complètement brûlé. Quelquefois ils éclatent avec bruit à une petite distance de la Terre et tombent ; parmi les fragments recueillis, on a constaté la présence de la pierre et de beaucoup de métaux, fer, nickel, etc., éléments que contient la Terre.

IDÉE GÉNÉRALE DE L'UNIVERS

145. Avant de terminer ce cours, on va donner un aperçu rapide de l'Univers.

Dans l'espace infini qui forme l'Univers, sont répandus des millions d'*étoiles* ou *soleils* distribués sans ordre apparent.

Notre Soleil, en particulier, est entouré de planètes, et les planètes elles-mêmes sont entourées de satellites. Tous ces astres (Soleil, planètes et satellites) sont à peu près situés dans le même plan, le plan de l'*écliptique* ; ils tournent tous dans un sens *direct* (les satellites d'Uranus font seuls exception) ; ils ont la forme sensiblement sphérique et des orbites presque circulaires.

Les étoiles sont probablement entourées de mondes semblables à notre monde solaire, mais leurs distances sont trop grandes pour qu'on puisse espérer les apercevoir. Les étoiles sont fixes ou, si elles sont animées de mouvements, ces mouvements sont presque imperceptibles pour nous ; elles peuvent donc nous servir de points de repère.

En se supposant placé sur une étoile, il serait impossible avec la lunette la plus puissante d'apercevoir la Terre ; le Soleil et même l'orbite terrestre apparaîtraient comme des points.

APPENDICE

NOTE I

SUR LE DOUBLE MOUVEMENT APPARENT DU SOLEIL

Pour mieux comprendre le double mouvement apparent du Soleil, imaginons un globe représentant la sphère céleste et tournant autour de l'un de ses diamètres PP' regardé comme l'axe du monde; puis, figurons les grands cercles EE' et εε', intersections de la sphère céleste avec les plans de l'équateur et de l'écliptique.

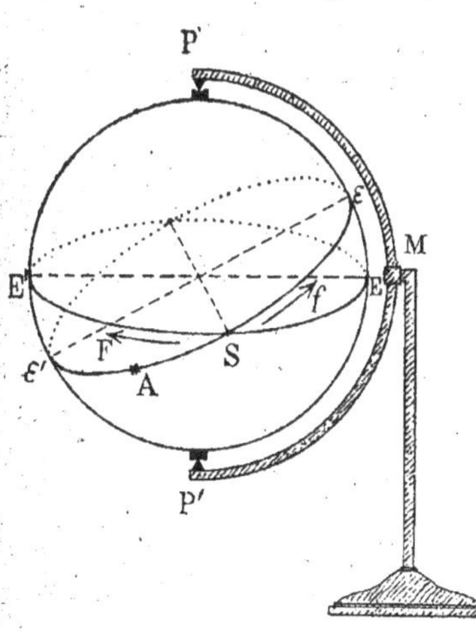

Fig. 74

Si ce globe est animé dans le sens de la flèche F d'un mouvement de rotation uniforme, lui faisant accomplir une révolution en un jour sidéral, nous aurons là l'image du mouvement diurne apparent de la sphère céleste : une étoile quelconque A décrit dans l'espace un parallèle (cercle parallèle à l'équateur EE') en un jour sidéral.

Supposons maintenant que, le globe étant immobile, une mouche S se meuve sur l'écliptique $\varepsilon'\varepsilon$ dans le sens de la flèche f, c'est-à-dire en sens inverse du mouvement de rotation du globe, et qu'elle mette un intervalle de temps égal à 366j. sid. 1/4 pour parcourir l'écliptique(*). Cette mouche aura ce qu'on appelle un *mouvement propre*, et dans notre comparaison elle représentera le Soleil dans son mouvement sur l'écliptique.

Enfin, admettons que le globe et la mouche possèdent simultanément leurs mouvements; alors nous dirons que la mouche participe à deux mouvements : son mouvement propre et le mouvement du globe. Sous l'action de ces deux mouvements, la mouche décrit dans l'espace une sorte d'hélice ascendante et descendante; elle sera l'image exacte du Soleil dans son double mouvement apparent.

De plus, nous comprenons très bien qu'un point quelconque A du globe (une étoile) ayant accompli 366 révolutions 1/4 pendant l'année tropique, la mouche S (le Soleil) n'en aura fait que 365 1/4, puisque dans son mouvement propre, elle fait un tour en sens inverse du mouvement du globe; elle passe donc 365 fois 1/4 devant un méridien quelconque PMP'. C'est pourquoi, pendant l'année tropique, il n'y a que 365 JOURS SOLAIRES 1/4 et que les années CIVILES valent 365 jours et 366 jours (années bissextiles).

(*) Cet intervalle de temps est égal, par définition, à l'année sidérale qui diffère très peu de l'année tropique (voir nos 67 et 78).

NOTE II (*)

SUR L'INÉGALITÉ DES JOURS ET DES NUITS

---

1. Définitions. — Soient T la Terre supposée sphérique, PP′ l'axe terrestre, TS la direction du Soleil à une époque quelconque et prenons comme plan de la figure le plan P′PS. Les rayons émanant du Soleil étant sensiblement parallèles à la direction ST, ceux qui sont tangents à la Terre déterminent un grand cercle de contact II′ qui est perpendiculaire à la droite TS et divise le globe en deux parties égales, l'une éclairée, l'autre dans l'ombre : c'est le *cercle d'illumination*.

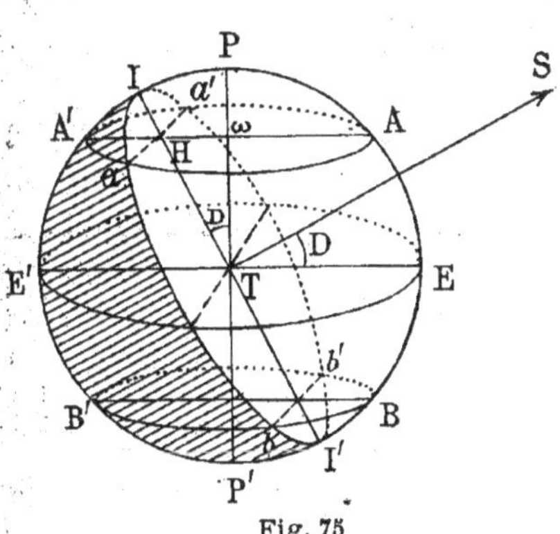

Fig. 75

Il fait *jour* pour tous les points de l'hémisphère éclairé et

---

(*) Dans cette note nous donnons des notions élémentaires sur les inégalités des jours et des nuits et sur les inégalités des températures durant l'année. Nous espérons que ces notions, qu'il n'est pas permis d'ignorer, seront lues avec intérêt par les élèves de Rhétorique dont la plupart, abandonnant les études mathématiques, n'ont plus l'occasion de compléter leurs connaissances en Cosmographie.

nuit pour les points de l'autre. La Terre tournant autour de l'axe P'P, nous voyons qu'en général la nuit succède au jour et *vice-versâ* pour tous les points de la Terre. Ainsi, pour un point quelconque situé sur le parallèle AA', le jour est proportionnel à l'arc aAa' et la nuit proportionnelle à l'arc $aA'a'$ situé dans l'ombre; donc pour un tel point, le jour est supérieur à la nuit. L'inverse aurait lieu pour les lieux situés sur le parallèle BB'. Enfin, pour tous les points de l'équateur, on voit qu'il y aura toujours égalité entre le jour et la nuit.

2. Inégalités des jours et des nuits. — *En un même lieu* le jour et la nuit ont pendant une année des durées très inégales qui dépendent de la déclinaison du Soleil, c'est-à-dire de l'époque de l'année; en outre, *à une même époque* la durée du jour dépend de la latitude du lieu. Il est facile de s'expliquer ces inégalités en considérant la Terre dans ses différentes positions autour du Soleil.

1º **Aux équinoxes.** — A ces époques la déclinaison du Soleil est nulle et cet astre se trouve dans le plan de l'équateur terrestre. Le cercle d'illumination passe alors par la ligne des pôles PP' et divise en deux parties égales tous les parallèles de la Terre. Donc pour tous les points du globe terrestre le jour est égal à la nuit; d'où le nom d'équinoxes donné aux positions correspondantes du Soleil.

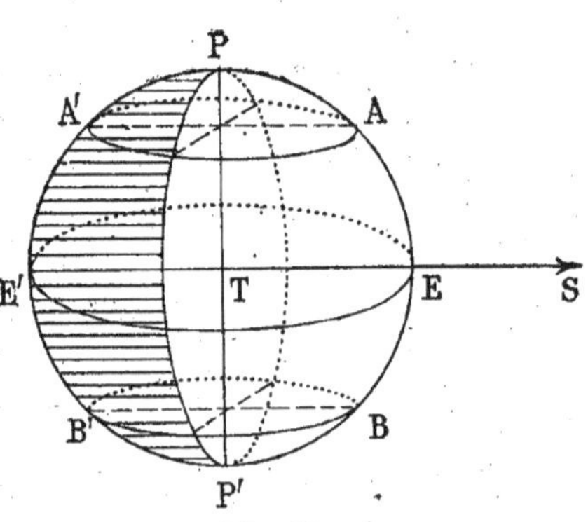

Fig. 76

2º **D'un équinoxe au solstice suivant.** — La déclinaison croît alors de 0º à 23º 27', et l'angle du plan du cercle d'illumination avec la ligne des pôles suit les mêmes variations;

il en résulte que ce cercle ne partage plus en parties égales les parallèles terrestres (l'équateur excepté).

En supposant la déclinaison du Soleil boréale (printemps), nous voyons facilement (*fig*. 75) que, pour tous les points de la Terre situés dans l'hémisphère nord, le jour est supérieur à la nuit, et que l'inverse a lieu pour les points de l'hémisphère sud. De plus, tous les lieux dont les parallèles sont situés entre les points P et I, c'est-à-dire dont la latitude boréale est supérieure à 90° — D, n'ont pas de nuit; inversement, les lieux situés dans l'hémisphère sud sur les parallèles compris entre les points P′ et I′, n'ont pas de jour. Enfin, de l'équinoxe du printemps jusqu'au solstice d'été, les jours vont en augmentant pour l'hémisphère nord et en diminuant pour l'hémisphère sud.

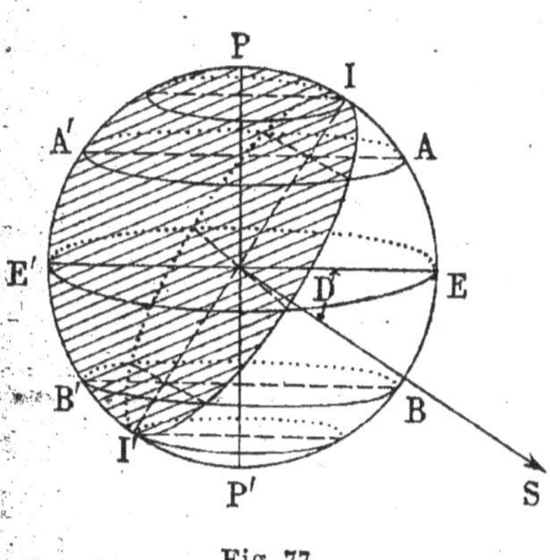

Fig. 77

Si nous supposons maintenant la déclinaison du soleil australe (automne, *fig*. 77), des phénomènes analogues aux précédents auront lieu, mais en sens inverse ; les jours iront en augmentant pour l'hémisphère austral et en diminuant pour l'hémisphère boréal.

3° D'un solstice à l'équinoxe suivant. — La déclinaison D du soleil allant en diminuant en valeur absolue, nous voyons facilement (*fig*. 75) que du solstice d'été à l'équinoxe d'automne les jours diminuent pour l'hémisphère nord et augmentent pour l'hémisphère sud ; mais ceux du premier hémisphère restent encore supérieurs à ceux du second. L'inverse a lieu du solstice d'hiver à l'équinoxe du printemps (*fig*. 77).

Remarque. — En résumé, nous voyons que de l'équinoxe

du printemps à l'équinoxe d'automne, les jours sont supérieurs aux nuits pour l'hémisphère boréal, et l'inverse a lieu pour l'hémisphère austral : en particulier, au pôle nord P, il y a six mois de jour, et six mois de nuit au pôle sud P'. Des phénomènes analogues, mais en sens contraire, ont lieu de l'équinoxe d'automne à l'équinoxe du printemps.

3. Crépuscule. — Il nous est facile d'observer qu'il fait jour lorsque le Soleil est un peu au-dessous de l'horizon. Ce phénomène, dû à la diffusion de la lumière solaire par les régions supérieures de l'atmosphère terrestre, constitue ce qu'on appelle le *crépuscule*. — Celui du matin s'appelle *aurore*, celui du soir *brune*.

L'observation a prouvé que le crépusule dure *tant que le soleil n'est pas situé au-delà de 18° au-dessous de l'horizon*, c'est-à-dire 1^h 12^m avant son lever et après son coucher.

4. Variations de température en un lieu. — D'un côté, la quantité de chaleur que le Soleil envoie à la Terre est toujours la même puisque leur distance varie relativement très peu ; d'autre part, l'expérience prouve que la température moyenne du globe terrestre reste constante. Nous devons donc conclure que la Terre perd par rayonnement la quantité de chaleur qu'elle reçoit.

Mais si la température moyenne de notre globe reste constante, il n'en est plus de même aux différents lieux à une même époque, ni pour les diverses saisons en un même lieu. En effet, deux causes principales astronomiques font varier la température en un lieu : la hauteur du Soleil et la durée de sa présence au-dessus de l'horizon. Cette dernière cause de la variation de la température en un lieu est évidente : pendant le jour, le sol absorbe la chaleur solaire, et, durant la nuit, il la perd par rayonnement. Quant à la première cause, elle se conçoit aussi très facilement : lorsque le Soleil est peu élevé au-dessus de l'horizon, ses rayons arrivent obliquement sur le sol et sont réfléchis en grande partie ; le contraire a lieu quand le Soleil est élevé, c'est-à-dire quand ses rayons tombent dans une direction presque perpendiculaire au sol : la plus grande partie de la chaleur est absorbée.

Alors en se reportant à ce qui précède, nous comprenons pourquoi il fait plus chaud *en France* au solstice d'été qu'au solstice d'hiver. — Au printemps et en été la durée des jours repassant par les mêmes valeurs ainsi que la hauteur du Soleil, ces deux saisons devraient avoir la même température moyenne. Cependant chacun sait que l'été est plus chaud que le printemps : cela tient à ce qu'au sortir de l'hiver, l'hémisphère nord, qui s'est refroidi, ne s'échauffe que progressivement. C'est pour une raison analogue que l'automne est moins froid que l'hiver.

REMARQUE. — D'autres causes telles que l'altitude du lieu, sa situation par rapport aux montagnes, aux courants des vents et des mers,..., modifient profondément la température en ce lieu.

5. Cercles polaires et tropiques. — Zones terrestres. — 1° On appelle *cercles polaires* les deux parallèles terrestres qui limitent les deux calottes sphériques, diamétralement opposées, pour lesquelles il y a des jours et des nuits dont la durée est au moins 24 heures. D'après ce qui précède, ces deux cercles ont une distance polaire de 23° 27′ et une latitude de 66° 33′ : l'un est le cercle polaire *boréal* ou *arctique*, l'autre le cercle polaire *austral* ou *antarctique* (*fig*. 78). Dans les figures 75 et 77, si la déclinaison D du Soleil était de 23° 27′, les cercles polaires seraient les parallèles des points I et I′.

2° On appellé *tropiques* les deux parallèles terrestres qui limitent la zone équatoriale dont les différents points ont le Soleil à leur zénith à une époque de l'année. La déclinaison du Soleil pouvant varier de — 23° 27′ à + 23° 27′ dans un an, il s'ensuit que tous les lieux dont la latitude est inférieure à 23° 27′, et ceux-là seuls, sont compris dans la zone que nous venons de définir (*fig*. 78). Donc les tropiques sont les deux parallèles de latitude 23° 27'; l'un est le tropique boréal ou tropique du *Cancer*, ainsi appelé parce que le Soleil étant au solstice d'été se trouve dans le signe du Cancer; l'autre est le tropique austral ou tropique du *Capricorne*.

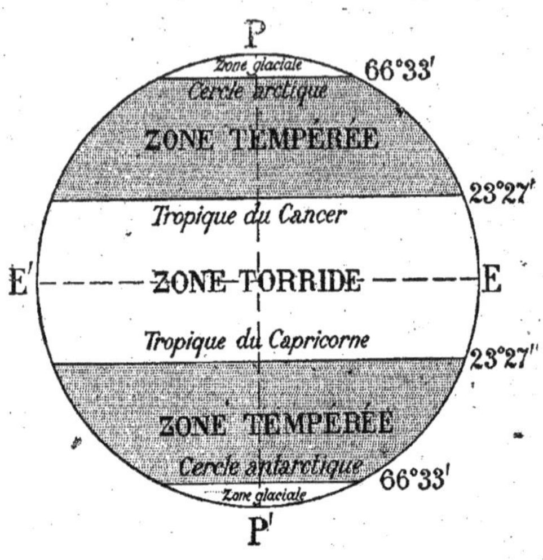

Fig. 78

La dénomination tropique vient du grec τρέπω, *je retourne*, parce que le Soleil, après s'être approché de l'un des pôles, s'arrête au solstice et retourne vers l'autre pôle. A partir du solstice d'hiver, le Soleil semble monter dans le ciel pour les personnes situées dans l'hémisphère nord et il semble descendre à partir du solstice d'été, d'où le nom de Capricorne (animal qui aime à gravir) donné au tropique austral, et celui de Cancer ou Écrevisse attribué au tropique boréal.

Latitude de Paris	48° 50'
Rayon de la Terre	6 366^{km}
Méridien terrestre	40000^{km}
Mont Gaorisankar (Asie).	8 840^{m}
Curtius, montagne de la Lune.	8 830^{m}
Profondeur maxima des mers	7 000^{m}
Distance de la Terre au Soleil	23 280 R
— — à la Lune.	60 R
Rayon du Soleil	108 R
— de la Lune	0,27 R
Diamètre apparent du Soleil.	32'
— — de la Lune.	31'
Année tropique.	365^{j} 1/4
Lunaison ou Révolution synodique de la Lune . .	29^{j} 1/2
Révolution sidérale — . .	27^{j} 1/3
Inclinaison de l'équateur sur l'écliptique. . .	23° 27'
— de l'orbite lunaire — . . .	5°

SYSTÈMES DE COORDONNÉES CÉLESTES

Coordonnées horizontales.

*(Plan fondamental : l'*HORIZON. *— Axe : la* VERTICALE.)

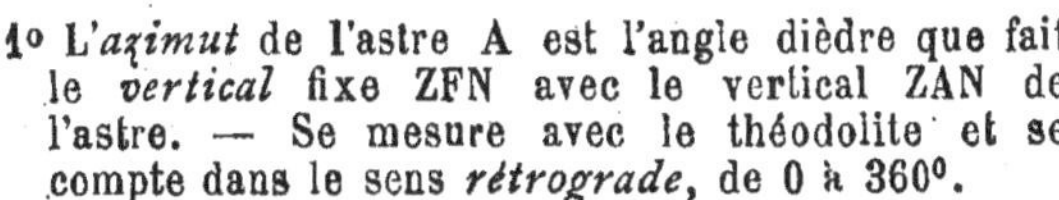

1º L'*azimut* de l'astre A est l'angle dièdre que fait le *vertical* fixe ZFN avec le vertical ZAN de l'astre. — Se mesure avec le théodolite et se compte dans le sens *rétrograde*, de 0 à 360º.

2º La *hauteur* de l'astre A est l'angle que fait le rayon visuel TA avec l'horizon ; elle se compte de 0 à ± 90º. — Se mesure avec le théodolite.

SPHÈRE CÉLESTE

Coordonnées équatoriales.

(Plan fondamental : l'ÉQUATEUR. *— Axe :* l'AXE DES PÔLES.)

1º L'*ascension droite* de l'astre A est l'angle dièdre formé par le *cercle horaire* PAP′ de l'astre avec le cercle horaire PγP′ du point vernal ; elle se compte de 0 à 360º dans le sens *direct*. — Se mesure avec la lunette méridienne et l'horloge sidérale, en multipliant par 15 le temps qui s'écoule entre les passages au méridien d'un lieu du point γ et de l'astre.

2º La *déclinaison* de l'astre A est l'angle formé par le rayon visuel TA avec l'équateur ; elle se compte de 0 à ± 90º. — Se mesure avec la lunette méridienne ou au moyen de la formule $D = h \pm z$.

SPHÈRE CÉLESTE

Coordonnées écliptiques.

*(Plan fondamental : l'*ÉCLIPTIQUE. *— Axe : l'*AXE ππ′.)

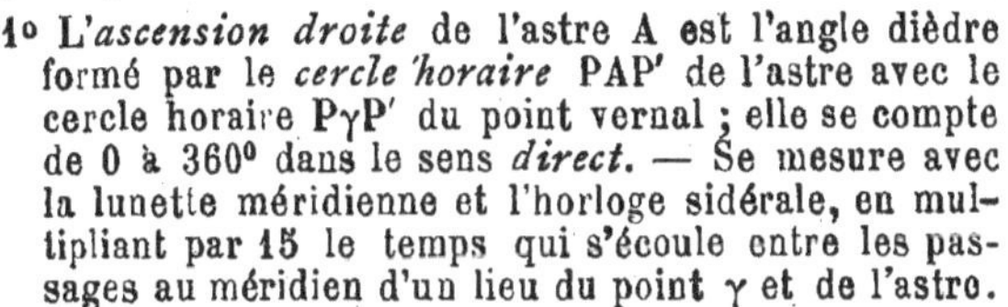

1º La *longitude* de l'astre A est l'angle dièdre formé par le demi-cercle πγπ′ avec le demi-cercle πAπ′ ; elle se compte de 0 à 360º dans le sens *direct*.

2º La *latitude* de l'astre A est l'angle que fait le rayon visuel TA avec le plan de l'écliptique ; elle se compte de 0 à ± 90º.

SPHÈRE CÉLESTE

COORDONNÉES GÉOGRAPHIQUES OU TERRESTRES

*(Plan fondamental : l'*ÉQUATEUR TERRESTRE. *— Axe : l'*AXE DES PÔLES.)

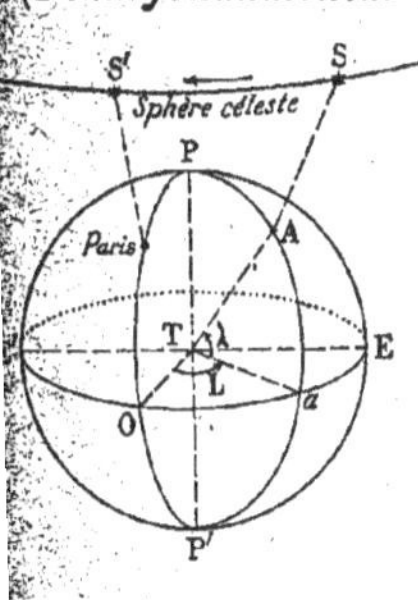

1º La *longitude* d'un lieu A est l'angle dièdre que fait le *méridien* du lieu avec le premier méridien ; elle se compte de 0 à 180º à l'Est ou à l'Ouest. — Se mesure en multipliant par 15 le temps qui s'écoule entre les passages d'une *même* étoile aux deux méridiens ; ce temps se détermine par la méthode des signaux ou celle des chronomètres.

2º La *latitude* d'un lieu A est l'angle que fait la *verticale* TA du lieu avec l'équateur ; elle se compte de 0 à 90º ; elle est boréale ou australe. — Elle est égale à la hauteur du pôle *céleste* au-dessus de l'horizon du lieu.

LA TERRE

EXERCICES ET PROBLÈMES [*]

1. Quelles sont les distances zénithales de deux astres, l'un ayant pour hauteur 35°43′57″, l'autre —48°35′21″? (n° 23).

2. Quelles sont les hauteurs des astres dont les distances zénithales sont respectivement, 0°, 180°, 25°23′31″, 127°49′52″? (n° 23).

3. Quelle est la hauteur du pôle au-dessus de l'horizon d'un lieu pour lequel les culminations d'une même étoile sont 55°10′ et 42°30′?-(n° 37).

4. Deux étoiles passent respectivement à 4ʰ56ᵐ48ˢ et à 18ʰ41ᵐ13ˢ au méridien d'un lieu, les temps étant comptés sur l'horloge sidérale du lieu ; on demande leurs ascensions droites (n° 40).

5. En un lieu dont la hauteur du pôle au-dessus de l'horizon est 53°, la distance zénithale d'une étoile lors de sa culmination est 13°43′56″. Quelle est la déclinaison de cette étoile, sachant que la culmination s'est produite au nord ? (n° 41).

(*) Nous avons cru qu'il était utile d'ajouter dans cette nouvelle édition de notre Cosmographie un certain nombre de problèmes très simples, propres à exercer l'intelligence de jeunes élèves. Pour faciliter la résolution de ces exercices, nous avons indiqué après chaque énoncé les numéros de l'Ouvrage sur lesquels il fallait principalement porter l'attention.

6. Même problème, en supposant que la culmination supérieure se fasse au sud et ait pour valeur 25°35′49″.

7. La hauteur du pôle au-dessus de l'horizon de Paris est de 48°50′47″ ; quelle déclinaison doit avoir une étoile pour être constamment visible ou invisible ? (n⁰ˢ 31 et 41).

8. Chercher dans un Atlas de géographie :
1° l'Antipode de Paris ;
2° les Capitales dont les longitudes orientales sont en nombres ronds 10°, 11°, 14°, 114°, 137° ; — celles dont les longitudes occidentales sont 6°, 46°, 79° ;
3° les États principaux traversés par l'Équateur terrestre ;
4° les Capitales qui ont pour latitude boréale 59°, celle qui a pour latitude australe 23°.

9. Quelle est la longitude de Constantinople sachant que l'heure de cette ville est en avance de $1^h 46^m 35^s$ sur celle de Paris ? (n° 50).

10. Calculer la longitude de Londres sachant que l'heure de cette ville est en retard de $0^h 9^m 44^s$ sur l'heure de Paris ? (n° 50).

11. Quelle heure est-il à Saïgon (Cochinchine), quand il est midi à Paris ? La longitude Est de Saïgon est de 104°21′50′ (n° 50).

12. Quelle heure est-il à Chicago (Amérique du Nord), quand il est 10^h du matin à Paris ? La longitude Ouest de Chicago est 89°56′57″ (n° 50).

13. Les longitudes de Berlin et de New-York étant respectivement de 11°3′28″ (Est) et de 76°20′38″ (Ouest), quelles seront les heures de réception de deux dépêches expédiées de Paris à midi dans chacune de ces villes ? On supposera que le courant électrique se transmet instantanément (n° 50).

14. Même problème, en supposant que les dépêches partent à 4^h du soir.

15. Quelle est la latitude d'un lieu pour lequel les culminations d'une même étoile sont 54°38'2" et 31°48'32" ? Chercher une grande ville de France ayant cette latitude (nos 52 et 37).

16. La latitude nord de Lille est 50°38'44" ; quelle est la déclinaison d'une étoile dont la culmination supérieure est de 33°45'7" à son passage au méridien de Lille ? (nos 52 et 41).

17. Montrer que pour des habitants qui seraient à l'un des pôles de la Terre, les étoiles visibles n'ont ni lever, ni coucher (nos 31 et 46).

18. Pendant combien de temps une étoile quelconque reste-t-elle visible pour les habitants voisins de l'équateur terrestre ? (nos 31, 46 et 47).

19. Delambre et Méchain, en se servant d'une ancienne mesure de longueur, la toise, trouvèrent qu'un arc de 1° du méridien valait 57080 toises ; en déduire la valeur du mètre en toises (no 55).

20. En partant de la définition du mètre, calculer, en kilomètres, la longueur du rayon de la Terre (no 55).

21. Calculer la surface de la Terre : 1° en mètres carrés ; 2° en ares ou en hectares.

22. Calculer le volume de la Terre en mètres cubes.

23. Lors de l'équinoxe et à midi, la hauteur du Soleil au-dessus de l'horizon d'un lieu est de 41°9'13". Quelle est la latitude de ce lieu ? (A midi, le Soleil est dans le méridien du lieu.) — Citer une grande ville de France ayant cette latitude (nos 65, 52 et 41).

24. Le rayon de la Terre étant R, celui du Soleil est 108R ; calculer combien de fois le Soleil est plus gros que la Terre.

25. Calculer combien de fois la Lune est plus petite que la Terre, le rayon de la Lune étant les 27/100 de celui de la Terre.

26. Lors d'une conjonction, la Lune et le Soleil sont sur la ligne des nœuds, et leurs distances à la Terre sont respectivement 57R et 23 300R. Calculer la longueur du cône d'ombre portée par la Lune, et en déduire s'il y a éclipse de Soleil (nº 103).

27. La distance de Mercure au Soleil est 0,38, la distance de la Terre au Soleil étant prise pour unité. En déduire la durée de révolution de Mercure (nºs 117 et 133).

28. Même problème pour Neptune dont la distance est 30.

TABLE DES MATIÈRES

LIVRE I

LES ÉTOILES

Chapitre I. — Sphère céleste.

Chapitre II. — Classification des Étoiles.

Chapitre III. — **Mouvement diurne.**

Définitions préliminaires.

Mouvement diurne.

Chapitre IV. — **Coordonnées Équatoriales :**
Ascension droite et Déclinaison.

LIVRE II

LA TERRE

Chapitre I. — **Forme sphérique de la Terre.**

LIVRE III

LE SOLEIL

Chapitre I. — Mouvement apparent sur la sphère céleste.

Chapitre II. — **Mouvement elliptique du Soleil. — Saisons.**

Chapitre III. — **Coordonnées écliptiques. — Idée de la précession des Équinoxes.**

Chapitre IV. — **Rotation du Soleil. — Constitution physique.**

LIVRE IV

LA LUNE

Chapitre I. — **Mouvements et Éléments de la Lune.**

Chapitre II. — Phases de la Lune.

Chapitre III. — Description de la Lune.

Chapitre IV. — Influence de la Lune sur les phénomènes terrestres.

LIVRE V

ÉCLIPSES

Chapitre I. — Éclipses de Lune.

Chapitre II. — Éclipses de Soleil.

LIVRE VI

SYSTÈME SOLAIRE : PLANÈTES

Chapitre I. — Des Planètes.

Chapitre II. — Systèmes de Ptolémée et de Copernic.

Lois de Képler.

Chapitre III. — Mouvements de rotation et de translation de la Terre.

Chapitre IV. — Mouvements apparents des Planètes.

Chapitre V. — Détails succincts sur les Planètes.

LIVRE VII

COMÈTES. — ÉTOILES FILANTES

Chapitre I. — Comètes.

Chapitre II. — Étoiles filantes.

APPENDICE

Bar-le-Duc. — Imprimerie Comte-Jacquet, Facdouel, Dir.

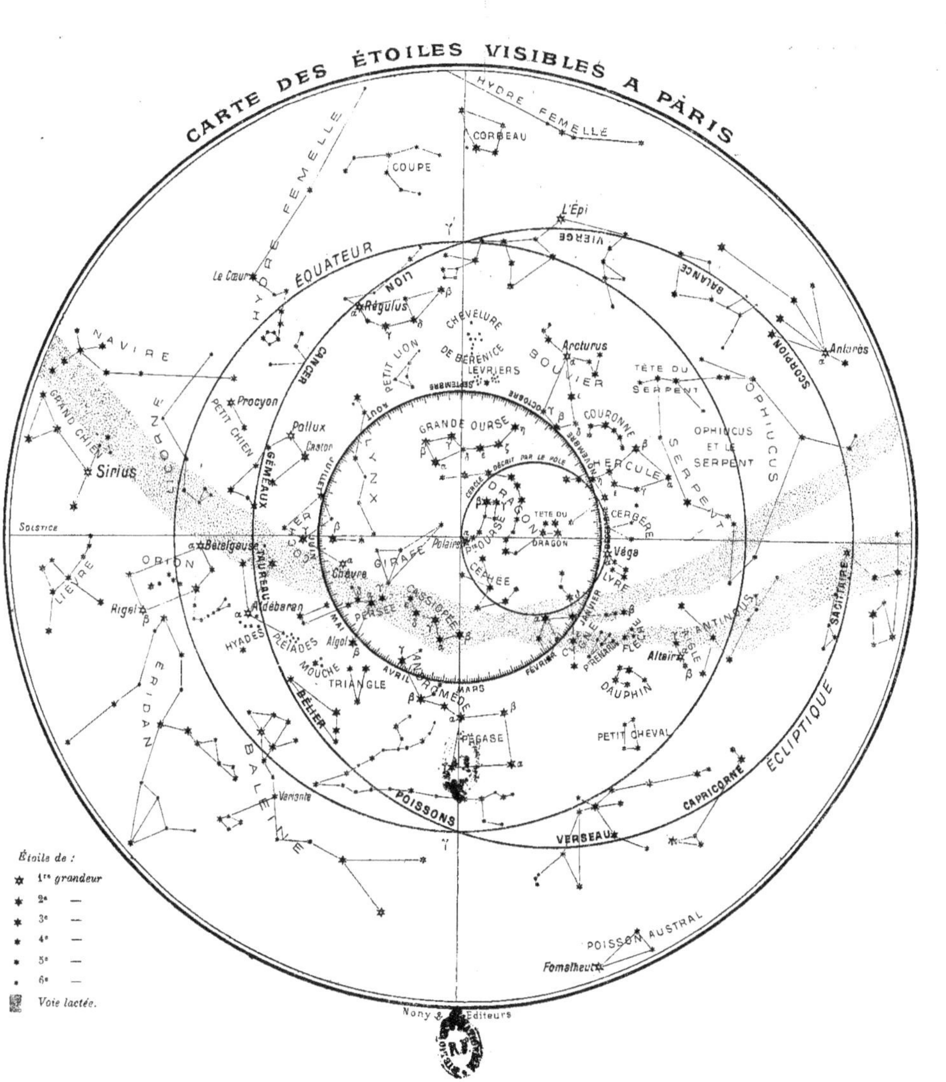

CARTE DES ÉTOILES VISIBLES A PARIS
HYDRE FEMELLE
CORBEAU
COUPE
L'Épi
VIERGE
BALANCE
HYDRE FEMELLE
ÉQUATEUR
LION
Le Cœur
Régulus
CHEVELURE
Arcturus
SCORPION
DE BÉRÉNICE
Antarès
PETIT LION
BOUVIER
TÊTE DU
SERPENT
NAVIRE
CANCER
LEVRIERS
OPHIUCUS
GRAND CHIEN
Procyon
COURONNE
OPHIUCUS
PETIT CHIEN
Pollux
GRANDE OURSE
HERCULE
ET LE
SERPENT
Sirius
Castor
GÉMEAUX
LYNX
CERCLE DÉCRIT PAR LE PÔLE
DRAGON
CERBÈRE
SOLSTICE
TÊTE DU
DRAGON
Véga
Betelgeuse
GIRAFE
Polaire
LYRE
ORION
Chèvre
CÉPHÉE
TAUREAU
CASSIOPÉE
ANTINOÜS
SAGITTAIRE
LIÈVRE
Aldébaran
PERSÉE
Altaïr
Rigel
HYADES
PLÉIADES
Algol
ANDROMÈDE
DAUPHIN
MOUCHE
TRIANGLE
MARS
ÉRIDAN
BÉLIER
PÉGASE
PETIT CHEVAL
BALEINE
CAPRICORNE
ÉCLIPTIQUE
Variante
POISSONS
VERSEAU
POISSON AUSTRAL
Fomalhaut
Étoiles de :
1re grandeur
2e   —
3e   —
4e   —
5e   —
6e   —
Voie lactée.
Nony & Cie, Éditeurs

www.ingramcontent.com/pod-product-compliance
Lightning Source LLC
LaVergne TN
LVHW012256170726
843503LV00002B/564